无机化学实验

主　编　朱宇萍　覃　松
副主编　苏布道　王福海

科 学 出 版 社
北　京

内 容 简 介

本书是化学及相关专业一年级本科生无机化学实验课程的配套教材。本书的指导思想是贯彻素质教育和创新性教育理念，更好地培养学生的探索精神、科学思维、实践能力和创新能力。全书以实验技能为主线组织编排，按照实验基本操作技能、制备实验技能、测定实验技能、基本原理与性质实验技能、综合性与设计性实验技能分为 5 章，共 27 个实验。本书配有基本操作视频，读者可扫描二维码观看；实验中有实验指导板块，可帮助读者结合理论知识，有针对性地预习实验。

本书可作为高等学校化学化工类、材料类、环境科学类、生命科学类、土木工程类等专业的本科生教材，也可以供相关专业工作人员和研究人员参考。

图书在版编目（CIP）数据

无机化学实验 / 朱宇萍，覃松主编. —北京：科学出版社，2024.5

ISBN 978-7-03-078512-1

Ⅰ. ①无…　Ⅱ. ①朱…　②覃…　Ⅲ. ①无机化学-化学实验-高等学校-教材　Ⅳ. ①O61-33

中国国家版本馆 CIP 数据核字（2024）第 095086 号

责任编辑：陈雅娴　丁　里 / 责任校对：杨　赛

责任印制：张　伟 / 封面设计：迷底书装

科学出版社出版

北京东黄城根北街 16 号

邮政编码：100717

http://www.sciencep.com

北京凌奇印刷有限责任公司印刷

科学出版社发行　各地新华书店经销

*

2024 年 5 月第　一　版　开本：720×1000　1/16

2024 年11月第二次印刷　印张：12 1/2　插页：1

字数：252 000

定价：46.00 元

（如有印装质量问题，我社负责调换）

《无机化学实验》编写委员会

主　编　朱宇萍　覃　松

副主编　苏布道　王福海

编　委（按姓名汉语拼音排序）

兰子平　刘　丹　覃　松　阮尚全　苏布道

王福海　于　跃　翟好英　朱宇萍　卓　莉

前　言

本书是在内江师范学院无机化学教研室覃松等编写的《基础化学实验》基础上修订、更新实验内容、重新编排的一本新教材。

《基础化学实验》教材已经使用了 9 年多，受到校内外读者的肯定。为了适应近年来高等师范院校化学及相关专业的发展需求，编者将无机化学实验教材在原有基础上进行修订和重新编排。

本书分为 5 章，分别是无机化学实验基本技能、无机化学制备实验、无机化学测定实验、化学反应原理实验、综合性和设计性实验。根据实验项目类型，将 27 个经典无机化学实验划分到各章中，涵盖了常见无机化合物的合成、性质测试、反应规律等内容。每个实验在实验目的、实验原理、实验步骤等常见内容基础上，增加了实验指导、数据处理、拓展知识三个板块。其中，实验指导为读者提供实验中可能遇到的问题及解决方法，旨在帮助读者全面掌握实验技术和理论知识。为了更形象地展示基本实验操作，编者制作了操作视频，读者可扫描二维码观看。

本书具有以下特点：

(1) 在实验原理方面，重在加深学生对一般实验方法的掌握，并培养学生的科学探究意识。帮助学生理解每个实验步骤的原理，明确每种试剂的使用理由。让学生不仅学到某个具体实验的理论和实践知识，还能学到一般的方法论。这是帮助学生理论联系实际并进行归纳总结的最好实践。同时，培养学生的思辨能力和逻辑推理能力。

(2) 在具体操作或仪器的使用方面，以确立原则为主，具体方法由学生自己实践和选择，鼓励学生进行创新性思考和实践，更好地培养学生的探索精神。

(3) 实验后设置拓展知识板块，涉及广泛的知识背景介绍。这些知识背景可能与专业知识相关，还可能与社会、历史、文化等相关，可作为实验原理的更深入讨论，也可以作为实验方法更广泛多样的应用。让学生在广泛的时空范围中、与其他学科的交融中、与历史文化的结合中、与社会生活的共鸣中，在学习知识的同时能够传承历史文化。

本书第 1～4 章主要是课程基础实验，第 5 章综合性和设计性实验为能力拓展部分，各学校可根据实际情况选择。

内江师范学院覃松老师对部分章节进行了修订，对全稿进行了悉心审阅，并提出了宝贵的修改意见。感谢内江师范学院吴远彬提出了实用的建议。感谢内江师范学院化学化工学院2021级王金祎同学、韩美玲同学和2022级文洁婷同学参与教学视频的录制，感谢2021级杨正豪同学提供部分图片。

感谢四川省第二批卓越教师教育培养计划改革试点项目“卓越中学化学教师协同培养模式研究(zy17001)”、内江师范学院“十四五”校本规划教材建设专项(JC202109)对本书出版的资助。

感谢科学出版社编辑为本书付出的辛劳。

由于编者水平有限，书中不足之处在所难免，希望读者不吝赐教。

编　者

2024年2月22日

目录

绪　论

一、无机化学实验概述

无机化学实验是化学及相关专业本科生进入大学后必修的第一门专业基础实验课程，其目的是培养学生严谨的科学态度、实事求是的工作作风、良好的实验室工作习惯及独立思考的能力、创新意识和探索精神，主要任务是使学生正确地掌握无机化学实验的基本操作和基本技能。学生通过实验，可以加深对基本原理和基础知识的理解和掌握，增强运用所学理论解决实际问题的能力；学会正确观察化学反应现象以及数据处理方法；初步具有独立进行实验工作的能力，为进一步学习后续化学课程和参加工作打下良好的基础。

二、无机化学实验的基本要求

通过无机化学实验课程的学习，加深对无机化学基本概念、基本理论和基础知识的理解，并能在实验中验证和运用理论知识，解释实验现象，从而将理论与实验相结合，形成系统的专业知识。

通过无机化学实验基本操作的系统训练，掌握规范的无机化学实验基本操作技能，学会使用常用仪器。

能客观地描述实验现象，正确记录和处理实验数据，定量/定性地分析实验结果，并撰写实验报告；通过综合性、设计性实验，学会查阅文献、设计实验方案和动手实验；通过分析判断、推断结论、归纳总结等训练，提高分析问题、解决问题和独立工作的能力，逐渐形成学科思维。

养成整洁、严肃、认真的实验习惯，以及实事求是、科学严谨的作风；具备团队合作、实验探究和反思意识；树立安全意识、环保意识和可持续发展理念。

三、实验室基础知识

1. 实验室规则

各类实验室因为实验目的、实验仪器、实验项目不同，实验室规则略有差异。一般意义上的实验室规则包含以下几方面内容：

(1) 学生应预习与实验有关的理论知识，明确实验目的、实验原理、实验仪器及原理，熟悉实验操作步骤和规程，没有预习的学生不得进行实验。学生应准备实验记录本，每次实验应提前进入实验室，做好实验准备工作。

(2) 学生在教师的指导下按照实验教材进行实验。若需要做规定内容以外的实验或对原实验进行改进，应先将实验方案提交实验教师审定，经教师同意并在教师指导下进行实验操作。实验过程中如遇疑难问题，应及时请教教师。

(3) 正确使用实验室仪器设备、药品、实验材料及用具，节约使用水、电、气。

(4) 使用剧毒、易燃、易爆的药品应提前做好各种预案，并对废弃物进行回收处理。

(5) 废液、废渣不能随意倒入下水道，应倒入指定地点，以便集中处理。

(6) 实验结束时，学生应做好实验台面的整理、清洁工作，并将实验原始记录交实验指导教师，经检查、签字后方能离开实验室。值日生应进行实验室的清洁及整理工作。

(7) 如果学生操作失误导致仪器损坏，应按赔偿制度处理。

(8) 实验室属于重点防护场所，非实验时间严禁随意进入；实验时间内，非实验人员不得入内；不得把实验室的任何物品带出实验室。

2. 实验室安全知识

化学实验室是安全防护的重点场所，进行实验时必须具有安全意识。要严格遵守水、电、气及各种仪器、药品的安全使用规则，重视实验的安全操作，以防意外事故的发生。

(1) 学生应了解实验室各类危险物品的基本知识，遇到问题要保持冷静，采取适当的方法妥善处理。

(2) 实验室用电时，应先检查电源及用电器是否正常，如存在问题应先行排除。不得用湿手、湿物接触电源。操作中应先接好线路、仪器，再接通电源，实验完成后应先切断电源，再拆除线路及仪器。

(3) 水、电、气使用完毕后应立即关闭；物品不得乱扔，可燃物品要远离火源。

(4) 严禁在实验进行时离开实验室；观察实验现象时，在能够观察清楚实验现象的前提下，眼睛尽量远离实验观察点；实验时不允许随意混合各种化学药品，以免发生意外；做危险实验时，应戴上防爆、防毒面具。

(5) 产生有毒气体的实验应在通风橱内或通风处进行，以防中毒事故发生。

(6) 实验室内严禁吸烟、饮食，有毒药品不得入口和接触伤口；嗅闻气体应采用扇闻方式进行。

(7) 遵守防火规则，熟悉消防器材的存放位置和使用方法。

3. 实验室意外事故的处理

进入实验室之前，应熟悉实验室各种意外事故的处理方法。若实验过程中发生意外事故，不要慌张，应沉着、冷静，采取正确的方法迅速处理。

(1) 烫伤的处理。若烫伤处皮肤未破裂，可涂碳酸氢钠饱和溶液或涂抹烫伤膏；若伤处皮肤有破损，可涂抹紫药水，再涂烫伤膏；若伤势较重，可撒消炎药粉或涂烫伤膏，用油纱绷带包扎。

(2) 酸腐蚀伤的处理。先用大量水冲洗，然后涂抹碳酸氢钠油膏，伤势严重时应立即送医院急救。如果酸液溅入眼中，先用大量水长时间冲洗，然后用 3%碳酸氢钠溶液冲洗，最后用清水洗眼，并送医院治疗。

(3) 碱腐蚀伤的处理。应立即用大量水冲洗，然后用 2%乙酸溶液、1%柠檬酸或硼酸饱和溶液冲洗，再用水冲洗。如果碱液溅入眼中，先用大量水冲洗，再用硼酸溶液冲洗，并送医院治疗。

(4) 割伤的处理。若伤口内有碎片，应先挑出碎片，立即用药棉揩净伤口，涂抹龙胆紫药水，必要时撒上消炎药粉，再用纱布包扎。如果伤势较严重，先用医用酒精在伤口周围擦洗消毒，然后立即送医院治疗。

(5) 磷烧伤的处理。用 1%硫酸铜、1%硝酸银或浓高锰酸钾溶液处理伤口后进行包扎，严重时应送医院治疗。

(6) 吸入有毒气体的处理。吸入 Cl_2、HCl、Br_2 蒸气时，可吸入少量乙醇和乙醚的混合蒸气解毒，同时到室外呼吸新鲜空气，但注意 Cl_2 及 Br_2 中毒时，不可进行人工呼吸；吸入 H_2S 感到不适时，应立即到室外呼吸新鲜空气。

(7) 火灾的处理。一旦发生火灾，必须第一时间撤离。在确保安全的情况下，可采取措施防止火灾蔓延，移走易燃物品、切断电源等，并参与灭火。灭火时应采用合适的灭火器材和方法。例如，乙醇等有机溶剂引起着火时，应立即用湿布或沙土等扑灭，若火势较大，可使用 CCl_4 灭火器、CO_2 或泡沫灭火器；若某些化学药品着火，不可用水扑救，因水能与金属钾、钠发生剧烈的反应而造成更大的火灾；若遇电器设备着火，必须使用 CCl_4 灭火器或 CO_2 灭火器，绝对不可用水或泡沫灭火器，以免引起触电事故；当衣服着火时，切勿惊慌乱跑，应尽快脱下衣服或就地卧倒滚灭。

(8) 触电事故的处理。首先应切断电源，利用绝缘物将触电者与电源分开，必要时进行人工呼吸。若事故严重，应立即送医院治疗。

4. *废液处理*

化学实验应建立绿色化学理念。实验室产生的废气、废液、废渣大多是有毒物质，其中还有些是剧毒物质和致癌物质，若不加处理就排放，不仅会造成环境污染，还会危害人类健康。因此，必须采取积极措施进行无害化处理以减少污染，或进行回收利用。

常见废液的处理方法有以下几种：

(1) 废酸、废碱的处理。应分开储存，可采用中和法处理，条件允许时可加以回收利用。

(2) 含铬废液的处理。含铬废液通常是 Cr(Ⅵ)的化合物，可采用还原沉淀法处理。一般是在含铬废液中加入还原剂，如硫酸亚铁、亚硫酸钠或废铁屑，在酸性条件下将有毒的 Cr(Ⅵ)还原为低毒的 Cr(Ⅲ)，再加入氢氧化钙或石灰等，调节 pH 使 Cr(Ⅲ)形成低毒的 $Cr(OH)_3$ 沉淀，经静置或过滤分离，清液达标后排放，残渣可综合利用或与煤渣一起焙烧处理后填埋。

(3) 含汞废液的处理。汞在废液中主要以 Hg_2^{2+} 和 Hg^{2+} 两种形式存在，含汞废液毒性极大，可采用絮凝沉淀法处理。通常先将废液调至 pH 为 8～10，加入过量硫化钠，使各种形态的汞转化成难溶解的硫化汞沉淀，再加入硫酸亚铁处理过量的硫化钠，生成的硫化亚铁作为共沉淀剂吸附悬浮在水中难以沉降的硫化汞而使其沉降，经静置或过滤分离，清液达标后排放。少量残渣可填埋处理，大量残渣可焙烧回收汞或制成汞盐利用。

(4) 含重金属离子废液的处理。通常采用沉淀法处理：一般加入碱或消石灰、硫化钠处理，使重金属离子生成难溶、低毒的氢氧化物沉淀或硫化物沉淀，经过滤分离，清液达标后排放。

(5) 综合废液的处理。互不作用的废液可用铁粉处理，通常将废液 pH 调节为 3～4，加入铁粉，搅拌一定时间，再用碱调节 pH 为 9 左右，加入高分子混凝剂进行沉淀，经分离后清液可排放，沉淀物按废渣处理。

(6) 含重金属的有机废液的处理。一般采用焚烧和氧化方法，先将重金属离子转化成无机盐，再作为无机废液处理。

四、无机化学实验的学习方法

无机化学实验是大学化学实验的开端，具有一定的启蒙性。认真学好该课程对后续化学实验课程的学习以及在大学期间参加科研实践都具有重要的意义。无机化学实验的一般步骤如下。

1. 预习

认真预习是做好实验的前提。根据教材实验指导板块完成预习环节。

预习实验时，要认真钻研实验内容，明确实验要求，理解实验原理，熟悉实验步骤，熟悉实验仪器的使用与实验相关的技术、注意事项以及实验数据的处理要求，并查阅相关文献资料。通过自己的思考，简明扼要地写出预习心得、需注意的事项和疑问。

2. 实验过程

严格按照实验内容完成实验，同时完成实验原始记录。

实验原始记录是来自实验者的直接记录，包括实验步骤、每步操作所观察到的现象，以及实验中测得的各种数据、实验操作中的失误。实验原始记录要求及时、准确、完整。鼓励学生在与教师充分交流的情况下，对部分实验内容进行探究性改进。实验完成后，应洗净实验仪器，整理、清洁实验台面，并做好实验室清洁和整理工作。

注意：实验数据记录必须反映实验仪器的准确度，现象记录要求涉及颜色、物态、气味等。实验原始记录不能用铅笔书写，数据不得涂改。

3. 实验报告

实验报告是真实实验情况的客观撰写，是科学训练的重要环节。要求内容真实、条理清楚、简明扼要。

实验报告包括：实验目的、实验原理、实验试剂与仪器、实验内容、实验安全(包括药品及实验操作)、实验现象与原始记录、数据处理、实验结果、实验讨论或结论。

数据处理：根据原始记录，将观察到的现象和测得的原始数据整理后写入报告中。对于定量实验，按照误差分析要求进行数据处理。

实验结果：对于无机制备实验，其结果主要是产量和产率；对于无机测定实验，其结果主要是测定结果和数据误差；对于无机性质实验，其结果主要是对物质性质的归纳和总结。

实验讨论或结论：针对影响实验结果的主要因素进行分析，结合自己的实验情况对实验结果进行解释，提出对实验方法及装置的改进建议。

化学实验报告通常有一定的书写规范。无机化学实验报告的格式依据无机化学实验类型不同略有差异。无机化学实验通常有三种类型：制备实验、测定实验、性质实验。

1) 制备实验报告参考格式

无机化学实验——制备实验报告

实验名称________实验室________成绩________

姓名________学号________专业________组别________

室温________气压________　实验日期____年__月__日　指导教师________

实验目的：

实验原理：

实验步骤及现象：

实验结果：(产品性状描述、产品质量、产率)

问题及讨论：(针对实验各步骤讨论实验方法和实验具体情况对产率的影响等)

思考题和习题：

2) 测定实验报告参考格式

无机化学实验——测定实验报告

实验名称_________实验室_________成绩_________

姓名_________学号_________专业_________组别_________

室温_________气压_________　实验日期____年__月__日　指导教师_________

实验目的：

实验原理：

实验步骤：

实验数据及处理：(实验数据记录及测定值计算；结果有文献值需计算相对平均误差，结果无文献值需计算相对平均偏差)

问题及讨论：(针对实验各步骤讨论实验方法和实验具体情况对相对误差或相对偏差的影响等)

思考题和习题：

3) 性质实验报告参考格式

无机化学实验——性质实验报告

实验名称_________实验室_________成绩_________

姓名_________学号_________专业_________组别_________

室温_________气压_________　实验日期____年__月__日　指导教师_________

实验目的：

实验内容：

实验步骤	实验现象	解释及反应式

问题及讨论：(依据实验情况讨论实验各步骤出现的异常现象等)

思考题和习题：

五、拓展知识

1. 常用灭火器材及适用范围

常用灭火器材及适用范围见表 0-1。

表 0-1　常用灭火器材及适用范围

灭火器种类	主要成分	适用范围
泡沫灭火器	$Al_2(SO_4)_3 + NaHCO_3$	扑救木材、棉布、油类等火灾；不能扑救醇、酯、醚、酮等和带电火灾
二氧化碳灭火器	CO_2 液化气体	扑救贵重设备、档案资料、电器设备及仪器仪表、油类和其他有机物(如甲醇、乙醇、沥青、石蜡等)火灾，扑救气体(如煤气、天然气、甲烷、乙烷、丙烷、氢气)和带电燃烧的火灾
干粉灭火器	活性灭火组分、疏水成分、惰性填料	扑救一般火灾，油、气、有机溶剂、电气设备的火灾
1211 灭火器	CF_2ClBr 液化气体	扑救易燃液体、气体、金属、精密仪器、贵重物资、高压电器设备的火灾

2. 实验室用水及制备方法

一般根据实验需求不同而选用不同纯度的水。按水的纯度不同，实验室用水可分为一级、二级和三级，无机化学实验用水一般选用蒸馏水。我国实验室用水的国家标准(GB/T 6682—2008)见表 0-2。

表 0-2　实验室用水标准

名称	一级水	二级水	三级水
pH 范围(25℃)	—	—	5.0～7.5
电导率(25℃)/(mS/m)	≤0.01	≤0.10	≤0.50
可氧化物质含量(以 O 计)/(mg/L)	—	≤0.08	≤0.4
吸光度(254 nm，1 cm 光程)	≤0.001	≤0.01	—
蒸发残渣含量(105℃±2℃)/(mg/L)	—	≤1	≤2
可溶性硅(以 SiO_2 计)含量/(mg/L)	≤0.01	≤0.02	—

注：由于在一级水、二级水的纯度下，难以测定其真实 pH，因此对一级水、二级水的 pH 范围未做规定；由于在一级水的纯度下，难以测定可氧化物质和蒸发残渣，对其限量未做规定；可用其他条件和制备方法保证一级水的质量。

实验室制备纯水常用以下三种方法：

(1) 蒸馏法。其原理是将自来水加热至沸腾，将产生的蒸汽冷凝收集而制得。此法制得的蒸馏水仅除去了非挥发性杂质(如盐类等)，不能除去挥发性杂质(如氨、二氧化碳、有机物等)。

(2) 离子交换法。其原理是利用离子交换树脂进行离子交换以除去水中杂质。实验室通常是将水通过装有阳离子交换树脂(常用苯乙烯型强酸性阳离子交换树脂)和阴离子交换树脂(常用苯乙烯型强碱性阴离子交换树脂)相结合的柱子，除去水中的杂质而得到纯水，此法得到的水也称为去离子水。

(3) 电渗析法。其原理是将水通过离子交换膜，使离子从水溶液中有效地分离出来，从而得到纯水。

3. 化学试剂的分类与规格

化学试剂种类繁多，其分类方式也不相同。按其杂质含量一般分为一级试剂、二级试剂、三级试剂、四级试剂(四级一般较少见)和生物试剂几种规格。

一级试剂：优级纯(GR，绿色标签)，又称保证试剂。其主体成分含量和纯度都很高，适用于精确分析和研究工作，有的也可作为基准物质。

二级试剂：分析纯(AR，红色标签)，其主体成分含量很高、纯度较高，杂质含量很低，适用于重要分析、一般研究工作及化学实验。

三级试剂：化学纯(CP，蓝色标签)，主体成分含量高、纯度较高，存在干扰杂质，适用于一般分析、化学实验和合成制备。

四级试剂：实验纯(LR，咖啡或玫瑰红色标签)，其主体成分含量高，纯度较低，杂质含量不做选择。

生物试剂：(BR 或 CR，黄色标签)，一般供生化实验使用。

化学试剂的选择原则是：在能满足需要的条件下，就低不就高，以降低实验成本。

(执笔：覃松；审定：朱宇萍)

第1章 无机化学实验基本技能

无机化学实验基本技能主要包括无机化学实验常用仪器的认识、使用和基本操作技能。本章主要涉及电子天平和容量仪器的使用；基本技能包括实验数据的读取和处理、容量仪器的校准、溶液的配制、移液管的使用、滴定操作。通过认识常见仪器、熟悉使用方法、练习基本操作技能，具备一定的无机化学实验常识和基本素养。

一、电子天平的使用

1. 电子天平及分类

电子天平通过电磁力平衡被称物体重力，是一种直接称量、全量程不需砝码的天平。其特点是称量准确可靠、显示快速清晰，并且具有自动检测系统、简便的自动校准装置以及超载保护等。常用电子天平见图1-1。

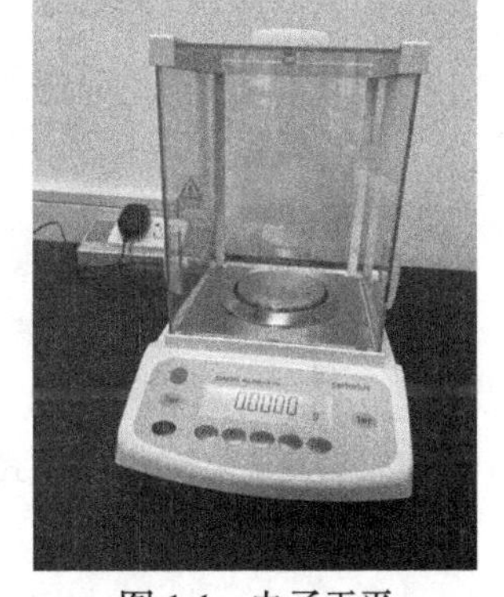

图1-1 电子天平

电子天平按精度不同可分为 0.01 g、0.001 g、0.0001 g 和 0.00001 g 等，最常用的是精度为 0.0001 g 的电子天平。

2. 电子天平的使用步骤

电子水平的使用步骤如下：水平调节，开机预热，称量容器，去皮称量，记录数据，称量结束，关闭电源。

注意事项：①常温下使用；②有腐蚀性或吸湿性的物体必须放在密闭容器中称量；③同一化学实验中的所有称量，应始终使用同一台天平；④当称量过程中天平盘上的总质量超过最大载荷时，天平仅显示上部线段，此时应立即减小载荷。

3. 称量方法

常用的称量方法有直接称量法、固定质量称量法和递减称量法。

(1) 直接称量法。将称量物放在天平盘上直接称量物体的质量。

(2) 固定质量称量法。又称增量法，用于称量某一固定质量的试剂(如基准物质)或试样。这种称量操作速度慢，适合称量不易吸潮、在空气中能稳定存在的粉末状或小颗粒样品。

(3) 递减称量法。又称减量法，用于称量一定质量范围的样品或试剂。在称量过程中样品易吸水、易氧化或易与 CO_2 等反应时，可选择此法。称取试样的质量是两次称量之差。

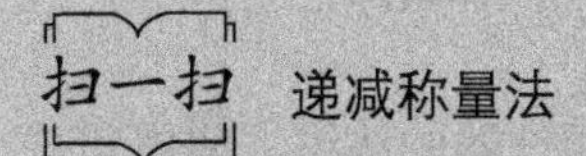

递减称量法

二、容量仪器的使用

容量仪器一般在实验或测量时使用，有装量和卸量两种。容量瓶和单刻度管为装量仪器。滴定管、一般吸管和量筒等均为卸量仪器。

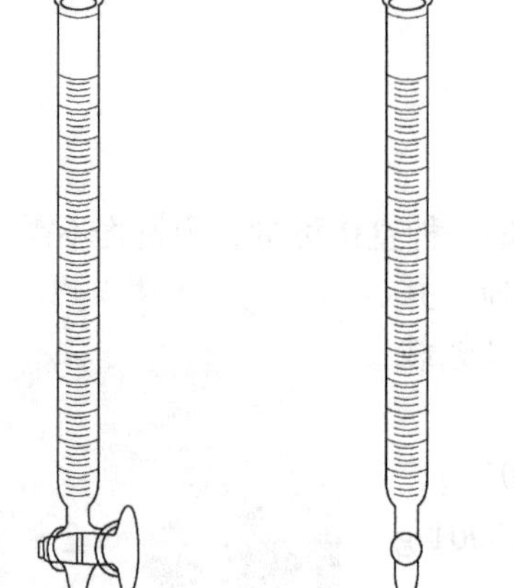

图 1-2　酸式滴定管(左)和碱式滴定管(右)

1. 滴定管

滴定管是滴定分析实验使用的主要量器，一般分为两种：酸式滴定管、碱式滴定管，见图 1-2。

酸式滴定管下端有玻璃旋塞开关，用来装酸性溶液和氧化性溶液，不宜盛碱性溶液(避免腐蚀磨口和旋塞)。碱式滴定管下端连接一段乳胶管，管内有玻璃珠以控制溶液的流出，乳胶管下端再连接一尖嘴玻璃管。常用滴定管的规格见表 1-1。

表 1-1　常用滴定管的规格

标准容量/mL		5	10	25	50	100
分度值/mL		0.02	0.05	0.1	0.1	0.2
容量允差/mL	A	±0.010	±0.025	±0.04	±0.05	±0.10
	B	±0.020	±0.050	±0.08	±0.10	±0.20

注：容量允差是指 20℃时滴定管的标准容量和零至任意分量，以及任意两检定点之间的最大误差。A 和 B 代表精度级别。

1) 滴定管使用前的准备

酸式滴定管使用前应先检查旋塞转动是否灵活，然后检查是否漏水。检验方法：用自来水充满滴定管，仔细观察有无水滴滴下，保持约 2 min，然后将旋塞转动 180°，再检查。

如果漏水，取出旋塞，擦干旋塞和旋塞套，用食指蘸取少许凡士林，在旋塞的两端各涂一薄层凡士林，见图 1-3。

将旋塞重新插入旋塞套内，沿同一方向转动旋塞，直到旋塞和旋塞套上的凡士林全部透明为止，套上橡皮圈，再检漏。

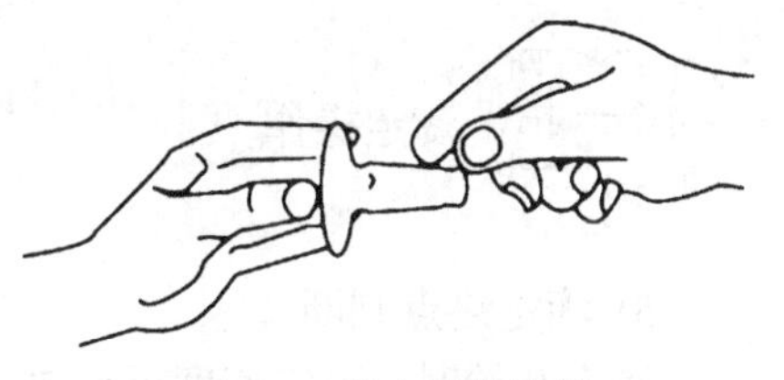
图 1-3　凡士林的涂抹

碱式滴定管若漏水，则需更换玻璃珠或乳胶管。

2) 滴定溶液的装入

滴定前应用滴定溶液润洗滴定管两三次。装入溶液后，滴定管尖嘴部分不能有气泡。

酸式滴定管赶气泡的方法是使滴定管适当倾斜，迅速打开旋塞，使溶液冲出并将气泡带走。

碱式滴定管赶气泡的方法是挤压玻璃珠侧上部，并将滴定管尖嘴向上，使溶液从管口喷出(图 1-4)并将气泡带走。

3) 滴定管的读数

手拿滴定管上部无刻度处，使滴定管保持垂直，读数方法见图 1-5。

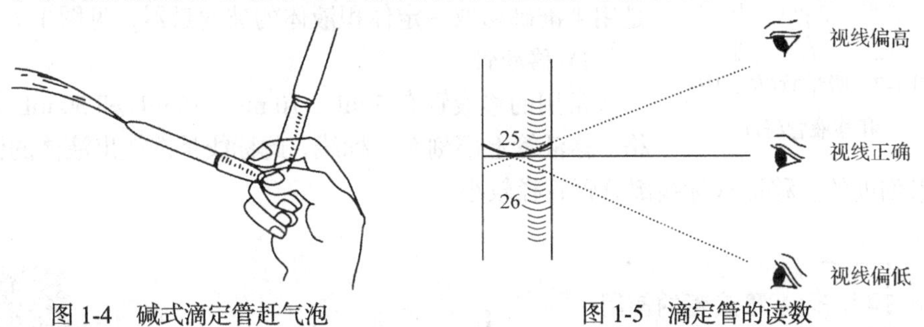

图 1-4　碱式滴定管赶气泡　　图 1-5　滴定管的读数

4) 滴定操作

滴定操作见图 1-6。滴定反应通常在锥形瓶中进行，必要时也可以在烧杯中进行。对于一些特殊的滴定，如滴定碘法、溴酸钾法等，则需在碘量瓶中进行反应和滴定。

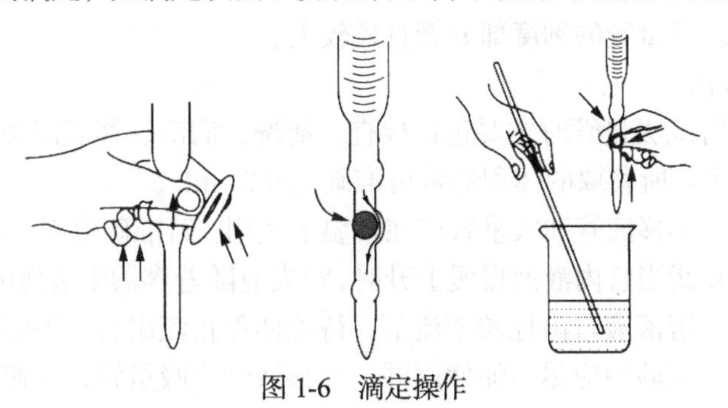
图 1-6　滴定操作

扫一扫　滴定操作

5) 滴定终点判断

滴定开始时，滴定速度可稍快，但不能流成“水线”。接近终点时，应改为逐滴缓慢滴入一滴甚至半滴，直至溶液出现明显的颜色变化，且半分钟不褪色。

6) 滴定结束后滴定管的处理

滴定结束后，把滴定管中剩余的溶液倒掉，依次用自来水、蒸馏水洗净，然后用蒸馏水灌满滴定管，垂直夹在滴定管架上，下尖嘴口距台底座 1～2 cm，上管口用滴定管帽盖住。

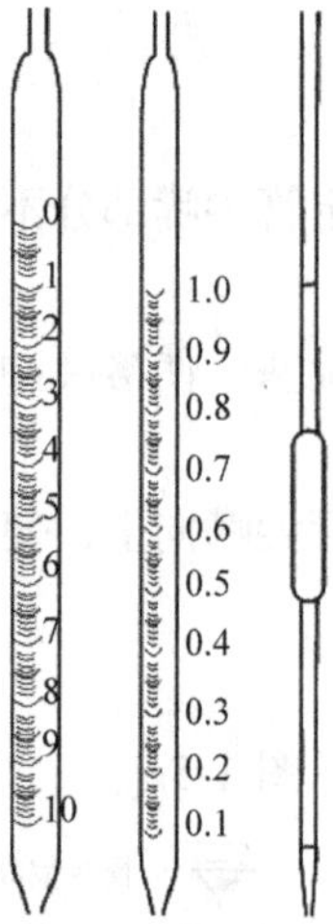

图 1-7　吸量管(左、中)和移液管(右)

2. 移液管和吸量管

移液管(又名单标线吸管)和吸量管(又名分度吸管)都是用来准确移取一定体积液体的玻璃量器，见图 1-7。

1) 移液管

常用的移液管有 5 mL、10 mL、25 mL 和 50 mL 等规格。移液管上部刻有一标线，此标线是按放出液体的体积来刻度的。移液管标线部分管直径较小。

扫一扫　移液管的使用

2) 吸量管

具有刻度的直形玻璃管称为吸量管。常用的吸量管有 1 mL、2 mL、5 mL 和 10 mL 等规格。吸量管的刻度部分管直径较大。

3) 使用方法

使用移液管或吸量管时主要包括检查、清洗、润洗、移液四个步骤，使用方法见图 1-8 所示。所移取的体积通常可准确至 0.01 mL。

注意事项：①移液管和吸量管应在常温下使用，若准确使用，须进行校正(参见量器的校准)；②当管内液面慢慢上升时，管尖应随着容器中液面的下降而下降；③转移液体时，溶液应自由地顺壁流下，待液体停止流出后，不能将管口残余液体吹出；④同一实验中应尽可能使用同一支移液管或吸量管；⑤使用后应立即用

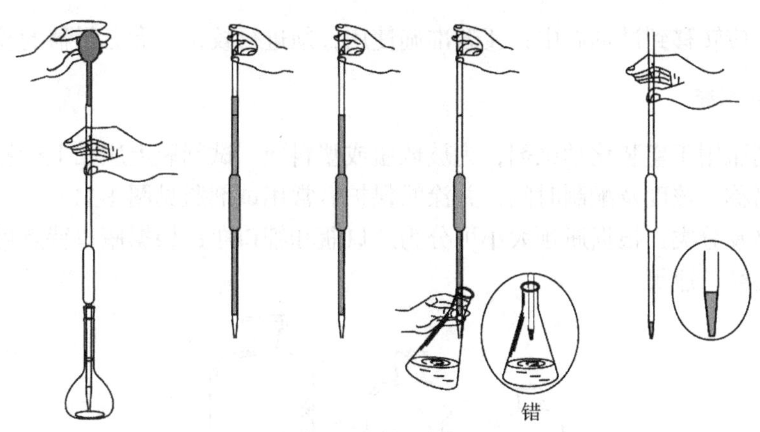

图 1-8　移液管的使用方法

自来水冲洗，再用蒸馏水冲洗干净，放在吸管架上备用。

近年来，自动取样器已广泛应用于生物化学教学和科学研究中。它是一种取液量连续可调的精密仪器，使用极为方便。

3. 容量瓶

容量瓶主要用于配制标准溶液或稀释溶液到一定的浓度。常见容量瓶见图 1-9。瓶颈上有标线，表示在所指温度(一般为 20℃)下液体充满到标线时瓶内液体的体积。容量瓶通常有 5 mL、10 mL、25 mL、50 mL、100 mL、250 mL 等规格。

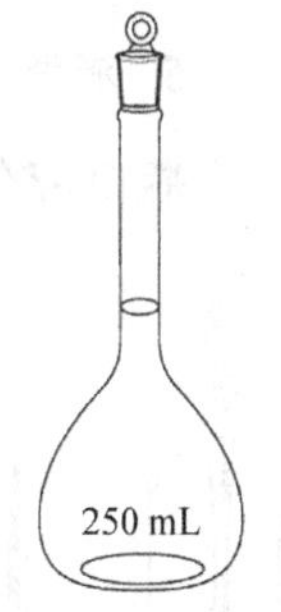

图 1-9　容量瓶

欲将固体物质准确配成一定体积的溶液时，将准确称量的固体物质置于烧杯中溶解后，定量转移入容量瓶中。

转移时，玻璃棒下端靠瓶颈内壁，烧杯嘴紧靠玻璃棒；洗涤液转移至容量瓶中；加液至容量瓶容积的 3/4 左右时，将容量瓶摇动几周(勿倒转)，使溶液初步混匀；加液接近标线 1 cm 左右时，改用滴管加液，眼睛平视标线，加液至弯曲液面最低点与标线相切。塞好塞子，倒立振荡一两次，使溶液混匀。使用方法见图 1-10。

图 1-10　容量瓶的使用

注意事项：①常温下使用，不能加热；②使用前必须检漏；③配好的溶液如需保存，应转移到试剂瓶中；④若准确使用，须进行校正，参见量器的校准。

4. 试剂瓶

试剂瓶用于盛装化学试剂，为玻璃瓶或塑料瓶。试剂瓶上应贴上标签，写明试剂的名称、浓度及配制时间，并涂蜡保护。常用试剂瓶见图 1-11。

规格及分类：根据瓶颈大小可分为广口瓶和细口瓶；根据瓶口特点可分为磨口瓶、无磨口瓶等。

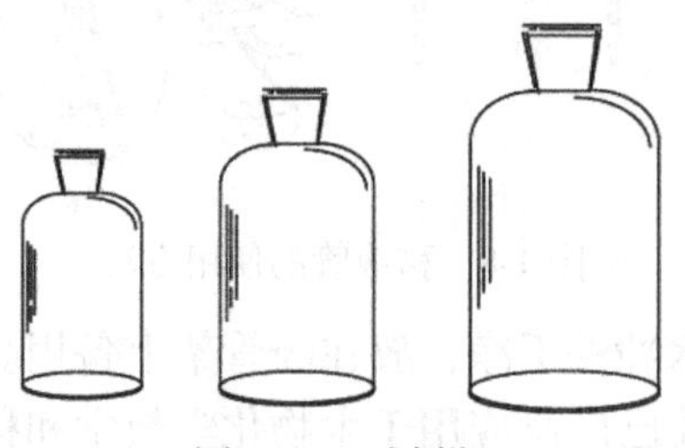

图 1-11　试剂瓶

注意事项：①广口瓶用于盛固体试剂，细口瓶用于盛液体试剂；②棕色瓶用于保存需避光的试剂，磨口塞瓶能防止试剂吸潮和浓度变化；③试剂瓶的瓶体不及普通玻璃仪器耐热，故不能受热使用。

5. 滴瓶

瓶口带有磨口滴管的为滴瓶，见图 1-12。

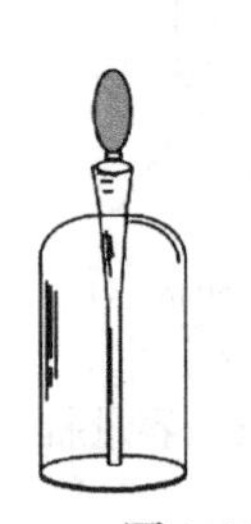

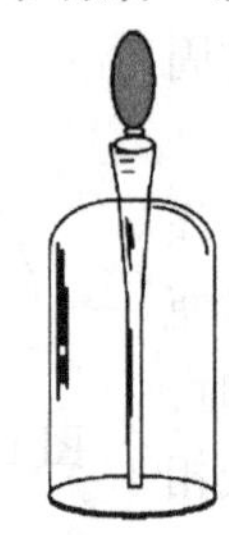

图 1-12　滴瓶

使用时，应先赶出滴管中的空气，再将滴管伸入试剂瓶中；取液后的滴管应保持橡胶头在上方，不要平放或倒置，防止溶液倒流腐蚀橡胶头；滴加液体时，应将滴管悬垂于承接容器上方，不能接触承接容器的内壁，也不要把滴管放在实验台或其他地方，以免污染滴管或试剂。

注意事项：①通常滴管使用后要立即冲洗，以备再用；②专用滴管不能清洗。

6. 试剂的取用

1) 固体试剂的取用

粉末状或颗粒状试剂一般用药匙取用，专匙专用；块状试剂用镊子取用。若向试管中加入固体试剂，可以借助槽形纸条将试剂送入距试管口约三分之二处。颗粒较大的固体颗粒一般在研钵中研碎。

注意事项：多取的试剂不能倒回原试剂瓶，也不能丢弃，应放在指定容器中供他人或下次使用。

2) 液体试剂的取用

少量液体使用胶头滴管吸取；较多量液体用倾泻法取用。

注意事项：①若实验中无规定剂量，一般取用 1～2 mL；②定量使用时，则可根据要求选用量筒、滴定管或移液管；③取多的试剂不能倒回原试剂瓶，更不能随意废弃，应倒入指定容器内合理使用。

（执笔：朱宇萍；审定：覃松）

实验一　常用仪器介绍、认领、洗涤和干燥

一、实验目的

领取实验常用玻璃仪器并熟悉其名称、规格，了解使用注意事项，学习并练习玻璃仪器洗涤和干燥方法。

二、常用仪器简介

常用仪器中以玻璃仪器最为常见。玻璃仪器具有很高的化学稳定性、热稳定性，有很好的透明度、一定的机械强度和良好的绝缘性能。同时，玻璃制作方便且成本低，可以用多种方法按需要制成各种不同形状的产品，因此在化学实验中被广泛使用。常用仪器见表 1-2。

表 1-2　常用仪器

仪器	规格	主要用途	使用方法和注意事项
试管　离心试管	有刻度试管按容积(mL)分：5、10、15、20、25、50，无刻度试管按外径(mm)×管长(mm)分：8×70、10×70、10×100、12×100、12×120、15×150、30×200 等	(1) 少量试剂的反应容器或溶解容器 (2) 可用于收集少量气体 (3) 可用作一些简易的发生或洗气装置 (4) 离心试管还可用于沉淀分离	(1) 在常温或加热时都可以使用，可用酒精灯直接加热(离心试管不可直接加热) (2) 装液体时，液体不要超过试管容积的 1/2，如果需加热，则液体不能超过 1/3，以防止振荡时液体溅出或受热溢出 (3) 取用固体时用药匙、纸槽或镊子，防止粉末药品粘在试管壁或较硬药品损坏试管 (4) 加热试管要用试管夹。加热前把试管外壁的水珠擦干，加热时先使试管均匀受热，防止试管炸裂 (5) 加热液体时，试管与实验台面倾斜角为 45°，试管口不要对着人。加热固体时管口应略向下倾斜，避免管口冷凝水回流管底而引起破裂

续表

仪器	规格	主要用途	使用方法和注意事项
烧杯	有刻度按容积(mL)分：50、100、250、500、1000 等，还有 1 mL、5 mL、10 mL 的微量烧杯	(1) 溶解、稀释、浓缩、水浴和配制溶液 (2) 较多试剂的反应容器 (3) 可作为称量腐蚀性药品的容器	(1) 可以加热。烧杯用作反应容器或水浴容器需要加热时，要垫上石棉网，外壁要擦干，防止受热不均玻璃破裂。装液体一般不要超过烧杯容积的 2/3，防止搅动时液体溅出或沸腾时液体溢出 (2) 在烧杯中配制溶液时，一般选用烧杯容积比所要配制溶液的体积大一倍为宜 (3) 转移或倾倒液体时，应从烧杯嘴处向外倾倒
平底烧瓶　圆底烧瓶 蒸馏烧瓶	按容积(mL)分：50、100、250、500 等	一种反应容器，可用于装配气体发生器和反应容器、蒸馏装置(蒸馏烧瓶)、特殊情况下的收集装置	(1) 圆底烧瓶和蒸馏烧瓶加热时要垫上石棉网，外壁事先擦干。加热时一般不选用平底烧瓶 (2) 在装置中一般用铁架台(包括铁夹)固定，防止滚动而打破 (3) 加热时液体的体积一般是烧瓶容积的 1/3～1/2，不能蒸干 (4) 煮沸或蒸馏时要加几粒沸石或碎瓷片，防止暴沸
广口瓶	按容积(mL)分：100、125、250、500、1000 等	(1) 主要用于盛装固体药品 (2) 用于组装反应容器(集气瓶)	(1) 不能直接加热，不能放碱 (2) 见光易分解或变质的试剂应选用棕色试剂瓶 (3) 做气体燃烧实验时瓶底应放少许沙子或水，防止玻璃瓶破裂
量筒	按容积(mL)分：5、10、20、25、50、100 等	测定取用液体的体积	(1) 量筒属粗量器，一般精确度≥0.1 mL。应选用相同或比所需体积稍大规格的量筒 (2) 不能加热，室温下使用 (3) 不能用量筒作反应容器 (4) 不能直接用量筒配制溶液 (5) 正确读取数值。视线与液体凹液面的最低点水平相切 (6) 特殊情况下，可以间接测量气体或固体的体积

续表

仪器	规格	主要用途	使用方法和注意事项
吸量管　移液管	按刻度最大标度(mL)：1、2、5、10、25、50 等，微量(mL)：0.1、0.2、0.25、0.5 等，还有自动移液管	准确移取一定体积的液体	(1) 吸入液体，使液面超过刻度，再用食指按住管口，轻轻转动放气，使液面降至刻度后，用食指按紧管口，将管移往指定容器上，放开食指，使液体注入 (2) 用时先用少量所移取液润洗三次，保证所取液浓度或纯度不变 (3) 一般吸管残留的最后一滴液体不要吹出(完全流出式应吹出)，制管时已考虑
容量瓶	按容积(mL)分：5、10、25、50、100、250、500、1000 等	用于配制一定体积的准确浓度的溶液	(1) 使用前检查是否漏水 (2) 瓶塞不能互换，不能加热和烘烤 (3) 溶质先在烧杯内溶解，再完全转入容量瓶 (4) 不能代替试剂瓶存放溶液，以免影响容量瓶容积的精确度
酸式滴定管　碱式滴定管	按刻度最大标度(mL)分：25、50、100 等	(1) 用于滴定操作 (2) 准确量取一定体积的液体	(1) 酸管旋塞应涂凡士林，碱管下端乳胶管不能用洗液洗 (2) 用前洗净，装液前用预装液润洗三次 (3) 酸、碱管不能对调使用

续表

仪器	规格	主要用途	使用方法和注意事项
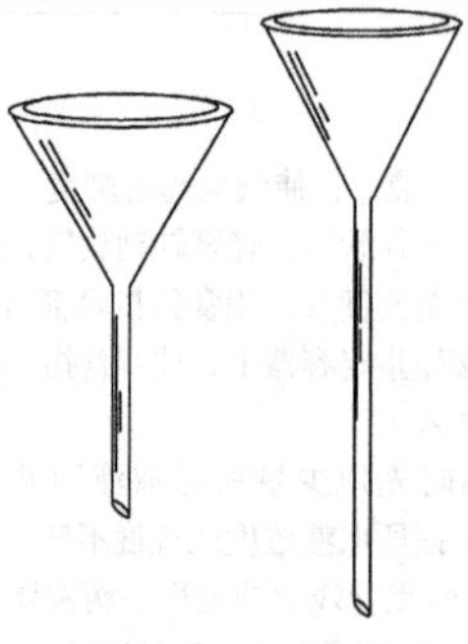 漏斗 长颈漏斗	按斗径(mm)分：30、40、60、100、120 铜质漏斗专用于热过滤	(1) 过滤液体 (2) 倾注液体 (3) 长颈漏斗常装配气体发生器，加液用 (4) 有时也用于其他实验，如吸收气体防止倒吸的装置	(1) 不可直接加热，防止破裂 (2) 过滤时漏斗颈尖端必须紧靠承接滤液的容器壁，防止滤液溅出 (3) 用长颈漏斗加液时，斗颈应插入液面下，防止气体自漏斗泄出
 抽滤瓶 布氏漏斗	按容量(mL)分：50、100、250、500等 两者配套使用	用于制备中晶体或沉淀的减压过滤	(1) 不能直接加热 (2) 滤纸要略小于漏斗的内径才能贴紧，防止过滤液由边上漏滤，过滤不完全 (3) 先开抽气管，后过滤。过滤完毕后，先分开抽气管与抽滤瓶的连接处，后关抽气管，防止抽气管水流倒吸
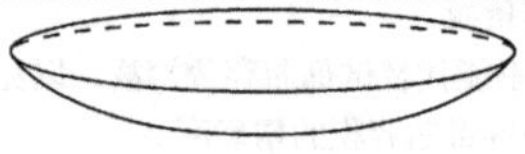 表面皿	按直径(mm)分：45、65、75、90	盖在烧杯上，防止液体迸溅或其他用途	不能用火直接加热，防止破裂
 蒸发皿	按容积(mL)分：75、200、400等	用于蒸发、浓缩溶液，也可以用于加热干燥少许固体	(1) 可以直接加热，不能骤冷 (2) 所盛液体不能超过蒸发皿容积的2/3，防止溅裂 (3) 加热过程中可用玻璃棒不断搅动，以防止液体局部温度过高造成液体飞溅 (4) 一般加热到蒸发皿出现较多量的固体时，即停止加热，用余热将溶液蒸发完。一般在石棉网上加热，受热均匀
 坩埚	按容积(mL)分：10、15、25、50等	常用于灼烧不腐蚀坩埚的固体。也可以用于有机物的燃烧实验和结晶水合物的分解实验	(1) 直接加热放置在铁三脚架的泥三角上 (2) 加热后，要用坩埚钳移取，不能直接放在桌面上，应放在石棉网上，防止烧坏桌面 (3) 冷却时盖好盖，必要时放在干燥器中冷却 (4) 加热过程中，可以采取均匀转动坩埚或用玻璃棒慢慢搅动等方法，使其受热均匀

续表

仪器	规格	主要用途	使用方法和注意事项
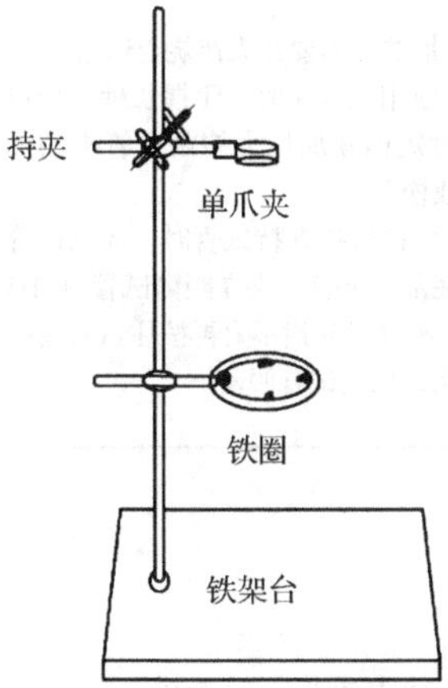 持夹 单爪夹 铁圈 铁架台	铁制品，铁夹有铁质和铝制 铁架台有圆形和方形	用于固定、放置仪器 铁圈还可以代替漏斗架使用	(1) 用于仪器和装置的固定时，一般按照由下至上的顺序进行。通常铁夹和铁圈夹持的方向与铁架台底座一致，以使装置稳定 (2) 铁夹夹持仪器时，应以仪器不能转动为宜，不能过紧或过松 (3) 加热后的铁圈不能撞击或摔落在地
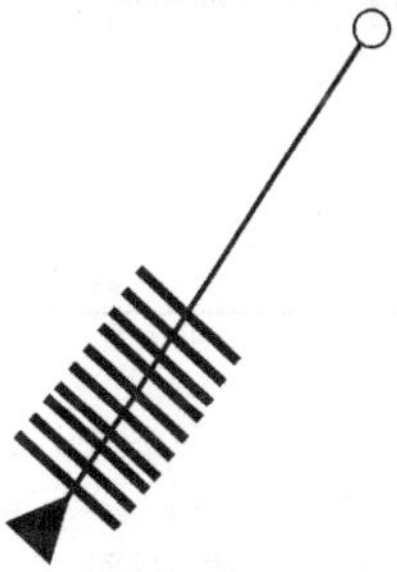 毛刷	以大小或用途表示，如试管刷、滴定管刷等	刷洗玻璃仪器	洗涤时手持刷子的部位要合适。要注意毛刷顶部竖毛的完整程度
 研钵	常用的研钵为瓷制品，也有玻璃、玛瑙、氧化铝、铁的制品	用于研磨固体物质或进行粉末状固体的混合；按被研磨固体的性质和产品的粗细程度选用不同质料的研钵	(1) 进行研磨操作时，研钵应放在不易滑动的物体上，研杵应保持垂直。大块的固体只能压碎，不能用研杵捣碎，否则会损坏研钵、研杵或将固体溅出 (2) 研钵中盛放固体的量不得超过其容积的 1/3，避免研磨时把物质甩出 (3) 研钵不能进行加热。易爆物质只能轻轻压碎，不能研磨
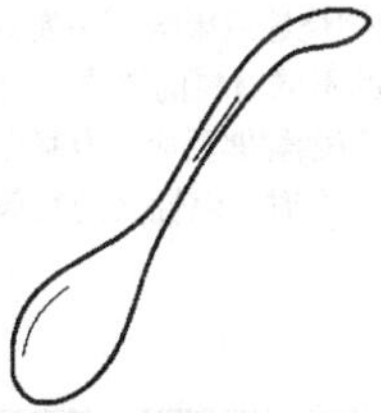 药匙	用牛角、瓷或硬塑料制成	取用固体药品	(1) 取用一种药品后，必须将药匙洗净，并用滤纸片擦干后才能取用另一种药品。药匙最好专匙专用 (2) 根据试剂用量不同，药匙应选用大小合适的。不能用药匙取用热药品，也不要接触酸、碱溶液

续表

仪器	规格	主要用途	使用方法和注意事项
试管夹(木)	一般是木制品	用于夹持加热的试管	(1) 加热时不要让火苗烧着试管夹 (2) 使用试管夹时，手握长柄，用拇指对短柄施加压力控制试管夹的夹紧或松开 (3) 用试管夹夹持试管时，应从试管的底部往上套，夹在距离试管口 1/3 处，夹紧后拇指不要再按住试管夹的短柄，以免试管脱落
漏斗架	木制品，有螺丝可固定于铁夹或木架上，也称漏斗板	过滤时承接漏斗	固定漏斗架时，不能倒放
三脚架	铁制品，有大小、高低之分，比较牢固	放置较大或较重的加热容器	(1) 加热时一般先放石棉网 (2) 加热灯焰一般用氧化焰
燃烧匙	根据不同需要，燃烧匙的材料不同。一般用铁丝和铜勺铆合而成	用于检验物质的可燃性。盛放少量物质，在气体中进行燃烧反应实验	(1) 使用时燃烧匙应由瓶口慢慢下移，以使反应完全。手尽量握持燃烧匙的上端 (2) 用完后立即把燃烧匙处理干净，以免腐蚀燃烧匙或影响下一实验 (3) 选用的不同材料的燃烧匙可以避免反应物与燃烧匙反应。为避免影响实验现象，有时在燃烧匙的底部铺一层细沙

续表

仪器	规格	主要用途	使用方法和注意事项
泥三角	由铁丝扭成，套有瓷管。有大小之分	灼烧坩埚时放置坩埚	(1) 使用前，检查铁丝是否断裂，若断裂则不能使用 (2) 坩埚底应横着斜放在其中的一个瓷管上 (3) 灼烧后，小心取下，防止摔落
试管架	有木制品和铝制品，有不同形状和大小之分	放置试管	加热后的试管应用试管夹夹住悬放架上
石棉网	由铁丝编成，中间涂有石棉。有大、小之分	石棉是热的不良导体，能使受热物体均匀受热，不致造成局部高温	(1) 用前先检查石棉是否脱落，若脱落则不能用 (2) 不能与水接触 (3) 不可卷折，因为石棉松脆，易损坏
坩埚钳	一般为不锈钢或其他合金	(1) 夹持坩埚加热或往热源(煤气灯、电炉、酒精灯)中取放坩埚；加热坩埚时，夹取坩埚或坩埚盖 (2) 金属丝在气体中燃烧实验的夹持仪器	(1) 使用时必须用干净的坩埚钳 (2) 用后尖端向上平放在实验台上(如温度高，则应放在石棉网上) (3) 实验完毕后，应将坩埚钳擦干净，放入实验柜中，干燥放置
螺旋夹 自由夹	铁制品。自由夹还有弹簧夹、止水夹或皮管夹等多种名称。螺旋夹也称节流夹	在蒸馏水储瓶、制气或其他实验装置中沟通或关闭流体的通路。螺旋夹还可控制流体的流量	一般将夹子夹在连接导管的乳胶管中部(关闭)，或夹在玻璃导管上(沟通)。螺旋夹还可随时夹上或取下。应注意： (1) 应使乳胶管在自由夹的中间部位 (2) 在蒸馏水储瓶的装置中，夹子夹持乳胶管的部位应常变动，防止长期夹持造成乳胶管粘连 (3) 实验完毕应及时拆卸装置，将夹子擦净放入实验柜中

三、常用玻璃仪器的洗涤

实验仪器洁净是实验中的一项基本要求。应根据仪器污染物的性质，选用不同的洗涤液和方法，才能有效地洗净仪器。仪器洁净的标准是容器壁附有一层均匀水膜而不挂水珠。

1. 常用洗涤剂

实验室常用洗涤剂有肥皂、洗衣粉、洗洁精、去污粉，以及铬酸洗液、碱性高锰酸钾洗涤液、草酸洗涤液、有机溶剂洗涤剂、特殊洗涤剂(如氨水等)。

2. 玻璃仪器的洗涤方法

玻璃仪器应根据仪器性质、实验要求、污物性质、污染程度选用合适的洗涤方法。洗涤的具体方法是：用洗涤剂处理后，先用自来水洗净洗涤剂，然后用蒸馏水遵循少量多次(一般两三次)原则洗涤。若污染物为有机物和无机物的混合物，洗涤顺序一般是先洗涤有机污染物，再洗涤无机污染物。

洗涤的具体方式一般分为：冲洗、刷洗和药剂洗涤。一般机械摩擦洗涤较便捷，无刻度仪器可以采用此法；度量仪器一般选用浸泡洗涤；高精度仪器不能刷洗。

冲洗：对一般灰尘及水溶性污染物可采用水冲洗。方法是向容器内注入适量水，用力振荡后把水倒掉，反复冲洗至干净即可。

刷洗：器壁附有不易冲洗掉的污染物时，可采用毛刷刷洗。

药剂洗涤：根据污染物性质选择洗涤剂。利用洗涤剂成分与污染物之间的化学反应溶解洗涤。

3. 仪器干燥方法

1) 晾干法

仪器洗涤干净后，倒放在无尘处，自然干燥。一般不急用的仪器可采用此方法干燥，此法也适用于度量仪器的干燥。

2) 烤干法

仪器洗涤干净后，在小火焰上直接烤干。注意烤干时容器口必须向下，以免水倒流引起容器炸裂。此法一般适用于可加热或耐高温的仪器，如试管、烧杯等。

3) 烘干法

仪器洗涤干净后，放在电热鼓风干燥箱中于 105℃下进行干燥。注意应将仪器置于搪瓷盘中，以免水滴入烘箱底部。

4) 热(冷)风吹干法

仪器洗涤干净后，采用热风或冷风吹干。对于急于干燥的仪器或不适合放入烘箱的较大的仪器，可利用吹干法干燥。根据实际需要有时也可以用少量乙醇润洗后再吹干，可以加快干燥速度。

5) 有机溶剂处理法

一般用乙醇或乙醇+丙酮(体积比 1∶1)处理后，让有机溶剂自然挥发而干燥。

注意：度量仪器不能用加热方法干燥，以免影响仪器精度。

四、实验内容

1. 仪器的认领

按照表 1-3 中的实验仪器清单认领仪器。

表 1-3　实验仪器清单

仪器名称及规格	数量	仪器名称及规格	数量
烧杯(100 mL)	1 个	普通玻璃试管(12 mm×120 mm)	10 支
烧杯(250 mL)	3 个	量筒(10 mL)	1 支
烧杯(500 mL)	2 个	吸量管(10 mL)	1 支
移液管(25 mL)	1 支	容量瓶(250 mL、100 mL)	各 1 个
玻璃漏斗	1 个	研钵	1 套
表面皿	1 个	蒸发皿	1 个
坩埚	1 个	药匙	1 把
试管夹	1 个	三脚架	1 个
泥三角	1 个	试管架	1 个
石棉网	1 个	温度计(0～100℃)	1 支

2. 玻璃仪器的洗涤

清洗常用玻璃仪器。

3. 玻璃仪器的干燥

通过晾干的方式，干燥所洗仪器。

五、实验习题

(1) 在烤干玻璃仪器时，为什么仪器口要向下？

(2) 为什么度量仪器不能用加热方法干燥？

六、拓展知识

实验室几种常用洗涤液的配制方法

铬酸洗液的配制：称取 10 g 工业级 $K_2Cr_2O_7$ 于烧杯中，溶于 30 mL 水中，将 180 mL 浓 H_2SO_4 在不断搅拌下缓慢加入 $K_2Cr_2O_7$ 溶液中(切勿将水或溶液加入浓 H_2SO_4 中)，混合均匀后冷却至室温，装入玻璃瓶中备用。新配制的洗液为暗红色，氧化能力很强，可以反复使用，当洗液用久后变为绿色，即失去氧化洗涤能力。

碱性高锰酸钾洗涤液的配制：称取 4 g 高锰酸钾、10 g 氢氧化钠于烧杯中，加水溶解，稀释至 100 mL。

草酸洗涤液的配制：称取 5～10 g 草酸，溶解于 100 mL 20%盐酸溶液中。

(执笔：阮尚全、朱宇萍；审定：覃松)

实验二　容量器皿的校准

一、实验目的

巩固玻璃器皿的洗涤方法；了解容量器皿校正的意义；掌握容量器皿校正的方法；掌握电子天平的称量方法和有效数字的运算规则。

二、实验原理

实验室的玻璃器皿根据用途可分为两类：一类是容器类，如烧杯、烧瓶、锥形瓶等；另一类是量器类，如滴定管、移液管、容量瓶等。量器玻璃仪器是用于计量液体体积的一类器皿，具有刻度，准确度较高。但在生产应用和实验室操作中，量器的表观刻度与实际容积不一定相符合，需要进行校准。校准的原因主要包括：①不合格产品的流入；②温度的变化；③试剂腐蚀等。

不进行容量校准会引起分析结果的系统误差。因此，在准确性要求较高的分析工作中，使用前必须进行容量器皿的校准。校准是在规定条件下，为确定计量仪器或测量系统的示值或实物量具或标准物质所代表的值与相对应的被测量的已知值之间关系的一组操作。

国际上规定玻璃器皿的标准温度为 20℃，即容量器皿进行校准的条件是将玻璃器皿的容积校准到 20℃时的实际容积。

玻璃器皿的校准根据校准方式的不同分为绝对校准和相对校准。

1. 绝对校准

绝对校准通过测定容量器皿的实际容积达到校准目的，这种方式常采用衡量法(也称为称量法)。这是一种经典的准确校准容量器皿的方法，但易受到分析天平最大量程的限制，适用于容积较小的器皿的校准。其原理是称量量器中放出或容纳的水的质量，并根据该温度下水的密度计算出该量器在 20℃时的容积。由质量换算成容积时必须考虑三个因素：①温度对水密度的影响；②空气浮力对称量水的质量的影响；③温度对玻璃容器的影响。

为了方便起见，把上述三个因素综合校准后得到的值列成表(表 1-4)。根据表中的数值，便可以计算某一温度下一定质量的纯水相当于 20℃时所占的实际容积。

表 1-4　在不同温度下纯水的密度 ρ_t 和 ρ_t' (校正后)

温度/℃	ρ_t /(g/mL)	ρ_t' /(g/mL)	温度/℃	ρ_t /(g/mL)	ρ_t' /(g/mL)
5	0.99996	0.99853	18	0.99860	0.99749
6	0.99994	0.99853	19	0.99841	0.99733
7	0.99990	0.99852	20	0.99821	0.99715
8	0.99985	0.99849	21	0.99799	0.99695
9	0.99978	0.99845	22	0.99777	0.99676
10	0.99970	0.99837	23	0.99754	0.99655
11	0.99961	0.99833	24	0.99736	0.99634
12	0.99950	0.99824	25	0.99705	0.99612
13	0.99938	0.99815	26	0.99679	0.99588
14	0.99925	0.99804	27	0.99652	0.99566
15	0.99910	0.99792	28	0.99624	099539
16	0.99894	0.99778	29	0.99595	0.99512
17	0.99878	0.99764	30	0.99565	0.99485

注：ρ_t 是纯水在真空中的密度。实际测量中，纯水的密度受到温度、空气浮力、玻璃器皿热胀冷缩的影响，ρ_t' 是这些因素累积影响后的校准密度。即使是在同一温度下，两种密度数值也不一样。

例如，在 15℃校准滴定管时，量取 10.00 mL 纯水，称得纯水质量为 9.970 g，查表 1-4 得 15℃时水的密度(已作校准) ρ_t' 为 0.99792 g/mL，它的实际容积为

$$\frac{9.970\ \text{g}}{0.9979\ \text{g/mL}} = 9.99\ \text{mL}$$

此滴定管的校准值为

$$\Delta V = 9.99\ \text{mL} - 10.00\ \text{mL} = -0.01\ \text{mL}$$

注意：在称量水的质量时，只需要保留到毫克位。这是因为在将纯水的称量质量换算成实际体积再减去滴定管刻度显示的体积过程中，根据有效数字的运算规律，毫克位后的数值不会影响最后的结果。

同样，移液管、容量瓶的实际容积也可应用上述方法进行容积的校准。

2. 相对校准

相对校准是通过已知容积的容量器皿校准另一容量器皿容积的方法。要求两种容量器皿的体积间有一定的比例关系。常采用的方法有容量比较法。容量比较法是实验室常用的对大容量器皿的校准方法，适用于配套使用的容量器皿。在实际工作中，容量瓶和移液管常需配套使用。

例如，要用 10 mL 移液管从 100 mL 容量瓶中量取 1/10 容积的溶液，则移液管与容量瓶容积之比只要 1：10 即可。

三、实验指导

1. 实验操作

本实验涉及称量操作，容量瓶、移液管、滴定管的使用，阅读本章概述的相关内容。

2. 课前思考

(1) 影响容量器皿体积刻度不准确的主要因素有哪些？

(2) 为什么在校准滴定管时，称量水的质量只需精确到毫克位？

(3) 通过称量水进行容量器皿校准时，水温和室温若不一致，以哪个温度为准？

(4) 滴定管有气泡对结果有何影响？

(5) 使用移液管时，为什么放完液体后要停一定时间才能移走承接器？最后留于管尖的液体如何处理？为什么？

(6) 使用称量纯水所用的具塞锥形瓶时，为什么要避免将磨口部分和瓶塞沾湿？

3. 实验注意事项

(1) 称量具塞锥形瓶时，不得用手直接拿取，应用配套的钳子移取，或戴洁净的手套拿取。

(2) 实验过程中，使用同一台天平称量；称量过程中，轻拿轻放。

(3) 数据记录务必完整，保留正确的有效数字。

四、仪器和试剂

仪器：电子天平、酸式滴定管(50 mL)、容量瓶(100 mL)、移液管(10 mL)、具塞锥形瓶(50 mL)。

五、实验内容

1. 滴定管校准(衡量法)

在酸式滴定管中注入蒸馏水，调节液面至“0.00”刻度以下附近。将滴定管中的水放入已称量且干燥的 50 mL 具塞锥形瓶中。每放入约 10 mL 水(要求在 10 mL ± 0.1 mL 范围内)，即盖紧瓶塞并称量，记录称量值(数值保留至毫克位)，直至放出 50 mL 水。

前后两次质量之差即为放出水的质量。根据实验温度下水的密度 ρ_t' (表 1-4)，计算出相应的实际容积。求出滴定管所标示的容积和实际容积之差，得出其校准值。

重复校准一次(两次校准值之差应小于 0.02 mL)，并求出校准值的平均值。将数据记录于表 1-5。

2. 移液管和容量瓶校准(容量比较法)

用移液管移取 10 mL 蒸馏水至干燥的 100 mL 容量瓶中，重复移取 10 次后，观察瓶颈处水的弯月面是否与标线正好相切，如不相切应另作一记号。经过相对校准后的容量瓶和移液管即可配套使用。

六、数据记录和处理

水的温度：__________℃，水的密度 ρ_t' ：__________g/mL

锥形瓶质量：m_1 =____________g，m_2 =____________g

表 1-5　滴定管校准(衡量法)数据记录

滴定管读数/mL		水的体积/mL		瓶与水的质量/g		水的质量/g		实际容积/mL		校正值/mL		总校正值/mL	
1	2	1	2	1	2	1	2	1	2	1	2	1	2
始末	始末												

注：表中 1、2 为两次实验序号。

校准值=实际容积−水的体积

总校准值=各段校准值累加

七、实验习题

(1) 容量器皿校准的意义是什么？

(2) 滴定管每次放出的溶液量是否一定要是整数？

(3) 从滴定管放出纯水到称量的锥形瓶内时应注意哪些事项？

八、拓展知识

(1) 使用中的滴定管、容量瓶的检定周期为三年。

(2) 实验室如需校准同体积的大容量容器采用校准比较法。校准比较法是将待校准大容量量器与已检定合格的大容量器皿分别放在天平两端称量，调节天平平衡后，将两个量器都充水至标线，通过比较其质量差异实现校准。这也是一种相对校准方法。

(3) 玻璃具有热胀冷缩的特性，不同温度下玻璃容量器皿的体积不同。因此，校准玻璃容量器皿时必须规定一个共同的温度，称为标准温度。国际标准规定以20℃为标准温度，在校准时都将玻璃容量器皿的容积校准到20℃时的实际容积，即玻璃量器的标称容量都是指20℃时的实际容积。

(执笔：卓莉、朱宇萍；审定：覃松)

实验三　溶液的配制

一、实验目的

掌握溶液配制的一般方法和相关基本操作；练习移液管/吸量管、容量瓶的使用方法；掌握质量分数与物质的量浓度的关系。

二、实验原理

根据待配制溶液的用途及溶质的特性，溶液的配制方法可分为粗略配制和准确配制。一般来说，粗略配制的溶液浓度保留1位或2位有效数字，准确配制的溶液浓度保留4位有效数字。例如，浓度为2 mol/L的$BaCl_2$溶液粗略配制即可，浓度为0.2000 mol/L的草酸溶液则必须准确配制。

有些溶液无法确定其准确浓度，如固体NaOH易吸收空气中的CO_2和水分、浓H_2SO_4具有吸水性、浓HCl中的氯化氢很容易挥发、$KMnO_4$不易提纯等，因此这类溶液的配制只能粗略配制。欲知其准确浓度，可用相应的标准溶液进行标定(详见拓展知识)。

配制溶液一般包括以下几个步骤。

1. 理论计算

根据要求计算出需要的溶质和溶剂的量。

注意：计算结果应体现出是粗略配制还是精确配制。

1) 由固体试剂配制溶液

(1) 溶质的质量与物质的量浓度的换算：

$$m_{溶质} = cVM$$

式中，$m_{溶质}$为固体试剂的质量；c 为物质的量浓度；V 为溶液的体积；M 为固体试剂的摩尔质量。

(2) 溶质的质量与质量分数的换算：

$$m_{溶质} = \frac{x\rho_{溶剂}V_{溶剂}}{1-x}$$

式中，x 为溶质的质量分数；$V_{溶剂}$ 为溶剂的体积。

2) 由已知浓度的溶液稀释

(1) 已知物质的量浓度计算体积：

$$V_0 = \frac{cV}{c_0}$$

式中，c 为稀释后溶液的物质的量浓度；V 为稀释后溶液的体积；c_0 为原溶液的物质的量浓度；V_0 为原溶液的体积。

(2) 已知百分浓度计算体积：

$$c_0 = \frac{\rho x}{M} \times 1000\text{，}\quad V_0 = \frac{cV}{c_0}$$

式中，M 为溶质的摩尔质量；ρ 为液体试剂(或浓溶液)的密度。

2. 仪器的选择

粗略配制与准确配制应选用不同精度的仪器，见表 1-6。

表 1-6 配制溶液常用的仪器

仪器	配制方法	
	粗略配制	准确配制
称量仪器	台秤	电子天平
容量仪器	量筒、量杯、有刻度的烧杯等	移液管/吸量管、滴定管、容量瓶等

注意：移液管和容量瓶的有效数字视运算时具体情况而定。

3. 溶质的溶解

根据溶质的存在状态及物理化学性质不同，采用的具体操作略有不同。

1) 直接水溶法

对于易溶于水且不发生水解的固体试剂(如 NaCl、KNO_3、$CuSO_4$等)，采用直接水溶法。

2) 介质水溶法

对于易水解的固体试剂(如 $FeCl_3$、$SbCl_5$、$BiCl_3$等)，配制溶液时先称取一定量的固体，加入适量一定浓度的酸(或碱)使其溶解，再用蒸馏水稀释。

对于在水中溶解度较小的固体试剂，选用合适的溶剂溶解。例如，固体 I_2 可先用 KI 水溶液溶解。

3) 稀释法

由液体试剂配制溶液时，如配制 HCl、H_2SO_4、HNO_3、HAc 等稀溶液，先用量筒或移液管量取所需量的浓溶液，然后用适量的蒸馏水稀释。

4) 特殊溶液的配制

针对某些具有特殊性质的溶质，选择不同的配制方法。

配制 H_2SO_4溶液时，需特别注意应在不断搅拌下将浓 H_2SO_4缓慢地注入盛水的容器中，切不可将操作顺序倒过来。

4. 配制过程

1) 固体配制溶液

称量，溶解，定容，转移至试剂瓶。准确配制时采用同样操作。

2) 浓溶液配制稀溶液

量取浓溶液，稀释，定容，转移至试剂瓶。准确配制时采用同样操作。

一些见光易分解或易发生氧化还原反应的溶液，要防止在保存期间失效。例如，Sn^{2+}和 Fe^{2+}溶液中应分别放入一些 Sn 粒和 Fe 屑。$AgNO_3$、$KMnO_4$、KI 等溶液应储于干净的棕色瓶中。容易发生化学腐蚀的溶液应储于合适的容器中。

三、实验指导

1. 课前预习

(1) 熟悉常用酸、碱试剂的密度和浓度，见表 1-7。

表 1-7　常用酸、碱试剂的密度和浓度

试剂名称	化学式	物质的摩尔质量/(g/mol)	密度/(g/mL)	质量分数/%	c/(mol/L)
浓硫酸	H_2SO_4	98	1.84	96	18
浓盐酸	HCl	36.5	1.19	37	12
浓硝酸	HNO_3	63	1.42	70	16
浓磷酸	H_3PO_4	98	1.69	85	15
冰醋酸	CH_3COOH	60	1.05	99	17
高氯酸	$HClO_4$	100	1.67	70	12
浓氢氧化钠	NaOH	40	1.43	40	14
浓氨水	$NH_3 \cdot H_2O$	17	0.90	28	15

(2) 本实验涉及称量、溶解、稀释、定容等基本操作，阅读本章概述的相关内容。

2. 课前思考

(1) 配制有明显热效应的溶液(如氢氧化钠固体溶于水放热，浓硫酸稀释放出大量热，硝酸铵固体溶于水吸热)时，应注意哪些问题？

(2) 配制溶液时，若溶质本身的性质不稳定，能否配制出准确浓度的溶液？应如何选择仪器？若不能配制出准确浓度的溶液，欲知其准确浓度应如何操作？

(3) 使用容量瓶配制溶液时，摇匀后竖直容量瓶，为什么液面低于标线？

(4) 试分析在使用容量瓶配制溶液的过程中，以下操作步骤会导致溶液浓度如何变化：

a. 向容量瓶中转移溶液时，不慎将溶液洒在瓶外。

b. 未洗涤烧杯和玻璃棒。

c. 用待配液润洗容量瓶。

d. 定容时水加多了或加少了。

e. 定容时未平视标线。

3. 注意事项

(1) 称样时量要达到一定数值(一般在 200 mg 以上)，以减少相对误差。

(2) 配制溶液的过程中，要防止溶质的损失(如称量、移液时引流，溶解后洗涤)，防止溶液体积的偏大、偏小(如溶解后冷却，眼睛仰视、俯视)。

(3) 容量瓶是容量玻璃仪器，不能用于溶解操作，不能存放标准溶液。配制好的试剂应及时放入试剂瓶，试剂瓶上必须标明溶液名称、浓度、配制人及配制日期。

四、仪器和试剂

仪器：台秤、电子天平、烧杯、量筒、玻璃棒、移液管/吸量管、容量瓶、试剂瓶。

试剂：$CuSO_4 \cdot 5H_2O$(分析纯)、浓 H_2SO_4、HAc(2.000 mol/L)、$H_2C_2O_4 \cdot 2H_2O$(分析纯)。

五、实验内容

(1) 由硫酸铜晶体配制 50 mL 0.1 mol/L 硫酸铜溶液。

(2) 由 98%的浓硫酸配制 50 mL 1 mol/L 硫酸溶液。

(3) 由 2.000 mol/L 乙酸配制 250 mL 0.2000 mol/L 乙酸溶液。

(4) 由草酸晶体配制 100 mL 0.1000 mol/L(左右)草酸溶液。

六、实验习题

(1) 用烧杯配制一般溶液时，能否使用容量瓶定容？为什么？用容量瓶配制标准溶液时，能否使用台秤称取基准试剂？原因何在？

(2) 配制分析溶液过程中可能带来误差的操作有哪些？

七、拓展知识

有效数字及其应用

1. 有效数字的概念

有效数字是实验中实际测得的数字，包括全部的准确数字和一位可疑数字，因此有效数字反映了所用仪器的准确程度。由于实验中使用的仪器的精度不同，得到的有效数字位数也不同，因此有效数字位数也体现了仪器的精密程度。应根据实验表述中有效数字的位数，选择精度适当的仪器，以满足实验误差的要求。因此，有效数字的位数不能随意增加或减少。

例如，实验中要求称取 3.2 g 试样，根据有效数字的意义，3.2 中 3 是准确数字，2 是可疑数字，因此选择天平时应选择最小刻度为 1 g 的台秤；如果要称取 3.2100 g 试样，则必须选择精度为 0.0001 g 的电光分析天平或电子天平。

液体的量取也必须根据有效数字表述准确选用玻璃仪器。例如，量取 10.00 mL 浓度为 0.1000 mol/L 的 HCl 标准溶液，应选择准确刻度为 0.1 mL 的仪器，即移液管或滴定管；如果量取体积为 10 mL 的 1∶1(体积比)HCl 溶液，则可选择量杯、量筒等粗略量取液体的容器。实验中，除根据有效数字的位数选择仪器外，有时还要根据实验操作的具体意义选择仪器，如实验表述中要“量取 10 mL 浓度为 0.1000 mol/L 的 HCl 标准溶液”，如果仅从“10 mL”看，不需要准确量取，但因为量取的是标准溶液，如果体积不准确，即使浓度再准确，物质的量也不准确，因此 10 mL 应该准确量取。

2. 有效数字运算规则

在进行加减运算时，有效数字取舍以小数点后位数最少的数值(绝对误差最大)为准。例如

$$0.0231 + 24.57 + 1.16832 = 0.02 + 24.57 + 1.17 = 25.76$$

在乘除运算中，应以有效数字位数最少的为准(相对误差最大)。例如

$$0.0231 \times 24.57 \times 1.16832 = 0.0231 \times 24.6 \times 1.17 = 0.665$$

在对数运算中，所取对数的位数应与真数的有效数字位数相同。例如，lg9.6 的真数有两位有效数字，则对数应为 0.98，不应该是 0.982 或 0.9823。又如，$[H^+]$ 为 3.0×10^{-2} mol/L 时，pH 应为 1.52。

正确运用有效数字规则进行运算，不但能够反映出计算结果的可信程度，而且能大大简化计算过程。

(执笔：苏布道、朱宇萍；审定：苏布道)

实验四　酸 碱 滴 定

一、实验目的

掌握酸碱滴定的原理；掌握滴定操作，学会判断滴定终点；学习酸式滴定管和碱式滴定管的使用方法。

二、实验原理

滴定操作是通过滴加试剂的方式实现按化学反应式等计量反应的一种实验操作手段。实验室常通过滴定操作测定溶液中某物质的浓度。

滴定反应

$$a\,\mathrm{A} + b\,\mathrm{B} \mathop{=\!=\!=} c\,\mathrm{C} + d\,\mathrm{D}$$

当反应达到等计量反应(化学计量点)时

$$\frac{n_\mathrm{A}}{n_\mathrm{B}} = \frac{a}{b}$$

考虑 $n = cV = m/M$ ，如果 A、B 都是溶液：

$$c_A V_A = \frac{a}{b} c_B V_B$$

如果 A 是固体，B 是溶液：

$$m_A = \frac{a}{b} c_B V_B M_A$$

式中，c_A、c_B 分别为 A、B 的浓度(mol/L)；V_A、V_B 分别为 A、B 的体积(L 或 mL)；m_A 为被测试样的质量(g)；M_A 为被测试样的摩尔质量(g/mol)。

利用上述公式，在已知某物质准确浓度(标准溶液)的情况下，通过滴定操作，可以计算出被测物质某组分的浓度或质量，从而求出被测物质某组分的含量。

滴定操作通常通过指示剂的颜色变化指示滴定终点。

滴定反应的类型：酸碱反应、沉淀反应、配位反应、氧化还原反应。

滴定反应的条件：反应必须定量进行，要求反应完全程度≥99.9%。通常，能作为滴定反应的条件是：$cK_t \geq 10^6$。对于不能符合上述滴定条件的反应，也可通过间接反应实现滴定。

本实验用 NaOH 溶液直接滴定已知准确浓度的 $H_2C_2O_4$ 溶液，反应式如下：

$$H_2C_2O_4 + 2NaOH = Na_2C_2O_4 + 2H_2O$$

以酚酞为指示剂，当溶液颜色由无色变为淡粉红色时，表示已到达终点。再用 HCl 溶液直接滴定 NaOH 溶液，反应式如下：

$$HCl + NaOH = NaCl + H_2O$$

以甲基橙为指示剂，当溶液颜色由黄色变为橙色时，表示已到达终点。由前面计算公式，求出酸或碱的浓度。

三、实验指导

1. 课前预习

本实验涉及的基本操作包括滴定管、移液管的使用。阅读本章概述相关内容。

2. 课前思考

(1) $K_w = [H^+][OH^-]$公式中的 H^+、OH^-一定是水电离出来的吗？

(2) 在酸碱滴定中，常用的酸和碱溶液是盐酸和氢氧化钠溶液，这两种溶液能否直接配制？为什么？若不能，应如何操作？

(3) 如果标定盐酸溶液，能选择哪些试剂作为标准溶液？

(4) 为什么滴定管、移液管使用前要用待装液润洗，而锥形瓶不需要润洗？

(5) 滴至终点时，滴定管尖嘴处挂有液滴，该液滴是否计入所耗溶液的总体积?

3. 注意事项

(1) 滴定前，滴定管中的气泡/气柱必须排尽。

(2) 滴定过程中，摇动锥形瓶时，应微动腕关节，使溶液向一个方向做圆周运动，但是勿使瓶口接触滴定管，溶液也不得溅出。

(3) 使用酸式滴定管滴定时，左手不能离开旋塞而让液体自行流下。

(4) 加半滴溶液的方法如下：微微转动旋塞，使溶液悬挂在出口嘴上，形成半滴(有时还不到半滴)，用锥形瓶内壁将其刮落。

(5) 读数时，视线应平视凹液面最低处。注意不同刻度仪器的读数的有效位数的保留。

四、仪器和试剂

仪器：酸式滴定管(50 mL)、碱式滴定管(50 mL)、移液管(25 mL)。

试剂：$H_2C_2O_4$标准溶液(0.05 mol/L)、NaOH 溶液(浓度待定)、HCl 溶液(浓度待定)、酚酞指示剂、甲基橙指示剂。

五、实验内容

1. NaOH 溶液浓度的标定

用 NaOH 溶液润洗洁净的碱式滴定管三次，然后装满滴定管，赶出滴定管下端的气泡，调节管内液面接近零刻度，静置 1 min，准确读数，并记录数据。

在洁净的锥形瓶中移入 25.00 mL $H_2C_2O_4$标准溶液，加入 2 滴酚酞指示剂，用 NaOH 溶液滴定至微红色(30 s 不消失)，记下 V_{NaOH}，填入表 1-8，平行做 3 次。

2. HCl 溶液浓度的标定

在洁净的锥形瓶中移入 25.00 mL NaOH 溶液，加入 1 滴甲基橙指示剂，用未知浓度的 HCl 溶液滴定至溶液由黄色变为橙色(终点)，记下 V_{HCl}，填入表 1-9，平行做 3 次。

六、数据记录及处理

将实验数据填入表 1-8 和表 1-9，并按下列公式处理数据：

$$偏差 = 测定值 - 平均值$$

$$平均偏差 = \frac{\sum|测定值 - 平均值|}{3}$$

$$相对平均偏差 = \frac{平均偏差}{平均值} \times 100\%$$

表 1-8 NaOH 滴定 $H_2C_2O_4$

内容		编号		
		1	2	3
$H_2C_2O_4$体积/mL				
消耗 NaOH 体积	初读数/mL			
	终读数/mL			
	净用量 V/mL			
NaOH 溶液浓度/(mol/L)				
平均浓度/(mol/L)				
偏差				
平均偏差				

表 1-9 HCl 滴定 NaOH

内容		编号		
		1	2	3
NaOH 体积/mL				
消耗 HCl 体积	初读数/mL			
	终读数/mL			
	净用量 V/mL			
HCl 溶液浓度/(mol/L)				
平均浓度/(mol/L)				
偏差				
平均偏差				

七、实验习题

(1) 用 NaOH 溶液分别滴定 HCl 和 HAc 溶液，当达到滴定终点时，溶液的 pH 是否相同?

(2) 滴定过程中有哪些操作容易引起误差?

(3) 若用 NaOH 标准溶液滴定 HCl 溶液，能否用甲基橙做指示剂？为什么?

八、拓展知识

1. 标准溶液

已知准确浓度的溶液即为标准溶液，配制方法有两种：一种是直接法，即准确称量基准物质，溶解后定容至一定体积；另一种是标定法，即先配制成近似需要的浓度，再用基准物质或用标准溶液进行标定。

2. 基准物质

基准物质是用于直接配制标准溶液或标定滴定分析中操作溶液浓度的物质。

基准物质应符合四项要求：①纯度≥99.9%；②组成与化学式完全相同；③性质稳定，一般情况下不易失水、吸水或变质；④参加反应时应按反应式定量进行，没有副反应。

3. 直接法

如果试剂符合基准物质的要求，可以直接配制标准溶液。具体过程：准确称出适量的基准物质，溶解后在容量瓶内定容，根据容量瓶的体积和基准物质的质量计算出标准溶液的浓度。

4. 标定法

如果试剂不符合基准物质的要求，则先配成近似所需浓度的溶液，再用基准物质通过滴定操作测定其浓度，这个过程称为溶液的标定。

(执笔：王福海、朱宇萍；审定：朱宇萍)

实验五　EDTA 标准溶液的配制与标定

一、实验目的

学习 EDTA 标准溶液的配制和标定方法；掌握配位滴定的原理，了解配位滴定的特点；了解缓冲溶液的应用。

二、实验原理

乙二胺四乙酸(简称 EDTA，常用 H_4Y 表示)难溶于水，其结构式如下：

$$(HOOC-CH_2)_2N-CH_2-CH_2-N(CH_2-COOH)_2$$

常温下乙二胺四乙酸的溶解度为 0.2 g/L，在分析中不适用，通常使用其二钠盐配制标准溶液。乙二胺四乙酸二钠盐的溶解度为 120 g/L，可配成 0.3 mol/L 以下的溶液，其水溶液 pH = 4.8。

EDTA 能与大多数金属离子形成 1∶1 的稳定配合物：

$$M^{2+} + H_2Y^{2-} \Longrightarrow MY^{2-} + 2H^+$$

计量关系为

$$n_{M^{2+}} = n_{Y^{4-}}$$

$$n_{Y^{4-}} = c_{Y^{4-}} V_{Y^{4-}}$$

$$n_{M^{2+}} = c_{Y^{4-}} V_{Y^{4-}}$$

$$c_{Y^{4-}} = \frac{n_{M^{2+}}}{V_{Y^{4-}}}$$

标定 EDTA 的浓度选用的基准物质有 Zn、ZnO、$CaCO_3$、Bi、Cu 等。通常选用与被测组分相同的物质作基准物质，这样滴定条件较一致。

本实验用 Zn 作基准物质，用铬黑 T(EBT)作指示剂，在 $NH_3 \cdot H_2O$-NH_4Cl 缓冲溶液(pH = 10)中进行标定。

滴定前 Zn^{2+}与铬黑 T 反应：

$$Zn^{2+} + In^{2-}(\text{纯蓝色}) \Longrightarrow ZnIn(\text{酒红色})$$

滴定开始到滴定终点前：

$$Zn^{2+} + H_2Y^{2-} \Longrightarrow ZnY^{2-} + 2H^+$$

滴定终点：

$$ZnIn(\text{酒红色}) + H_2Y^{2-} \Longrightarrow ZnY^{2-} + In^{2-}(\text{纯蓝色}) + 2H^+$$

当溶液由酒红色变为纯蓝色时，到达滴定终点。

三、实验指导

1. 实验操作

本实验涉及标准溶液的配制、滴定操作、缓冲溶液的使用等。

2. 课前思考

(1) EDTA 存在几级电离？

(2) 本实验中指示剂的显色原理是什么？与酸碱指示剂的显色原理有何不同？

(3) 滴定过程中加入 1∶1 氨水的目的是什么？为什么加 $NH_3 \cdot H_2O$-NH_4Cl 缓冲溶液？

(4) 实验中所用的刚果红试纸属于什么性质的指示剂试纸？变色范围是多少？

(5) 标定与滴定有何异同？

3. 注意事项

(1) 缓冲溶液只能将 pH 稳定在一定范围，不能将酸性溶液调节成碱性溶液。

(2) 加入氨水至刚好出现白色沉淀时，立即停止滴加，否则沉淀溶解，溶液 pH 也会太大。

(3) 准确、完整地记录实验数据。

四、仪器和试剂

仪器：台秤、电子天平、烧杯、表面皿、滴管、移液管、酸式滴定管、锥形瓶(250 mL)。

试剂：锌片、EDTA 二钠盐、HCl(0.1 mol/L、1∶1)、铬黑 T、氨水(1∶1)、$NH_3 \cdot H_2O$-NH_4Cl(1∶1)。

五、实验内容

1. 配制 0.01 mol/L Zn^{2+}标准溶液

(1) 取适量锌片，用 0.1 mol/L HCl 溶液清洗 1 min，再用自来水、蒸馏水洗净，烘干、冷却。

(2) 用直接称量法在干燥小烧杯中准确称取 0.15～0.2 g Zn，盖好表面皿。

(3) 用滴管从烧杯口加入 5 mL 1∶1 盐酸，待 Zn 溶解后吹洗表面皿、杯壁，小心地将溶液转移至 250 mL 容量瓶中，用纯水稀释至标线，摇匀。

2. 配制 0.01 mol/L EDTA 标准溶液

称取 1.9 g EDTA 二钠盐于烧杯中，加入适量水，搅拌溶解，转移到试剂瓶中稀释至 500 mL。

3. 标定 EDTA 标准溶液

用 25.00 mL 移液管移取 Zn^{2+}标准溶液置于 250 mL 锥形瓶中，边搅拌边逐滴加入 1∶1 氨水至溶液使刚果红试纸由蓝色变为红色，加 5 mL $NH_3 \cdot H_2O$-NH_4Cl 缓冲溶液、50 mL 水，用玻璃棒蘸取少量铬黑 T 加入溶液中，此时溶液呈酒红色，用 EDTA 标准溶液滴定。当溶液由酒红色变为纯蓝色时即为终点。记录 EDTA 溶液的用量 V。平行标定 3 次，计算 EDTA 的浓度。

注意：铬黑 T 的量不要多，否则溶液颜色过深，不容易辨别滴定终点，且消耗的 EDTA 的量会多。

六、数据记录及处理

将实验数据及处理结果填入表 1-10 中。

表 1-10 EDTA 的标定实验数据

内容		编号		
		1	2	3
Zn^{2+}溶液体积/ mL				
消耗 EDTA 体积	初读数/mL			
	终读数/mL			
	净用量 V/mL			
EDTA 溶液浓度/(mol/L)				
平均浓度/(mol/L)				
偏差				
平均偏差				

七、实验习题

(1) 为什么用乙二胺四乙酸的二钠盐配制 EDTA 溶液，而不用其酸?

(2) 配位滴定可以应用于哪些方面的测定?

八、拓展知识

EDTA 的用途

EDTA 主要用作配位剂，广泛用于水处理剂、洗涤用添加剂、照明化学品、造纸化学品、油田化学品、锅炉清洗剂及分析试剂。

(1) 高分子化学工业中用作丁苯胶乳聚合活化剂、腈纶生产装置的聚合反应终止剂。

(2) 日用化学工业中用作多种洗涤剂、护肤品、烫发护发剂的添加剂。

(3) 造纸业中用作纤维蒸煮时的处理剂，以提高纸张白度，减少蒸锅中的结垢。

(4) 医药工业中与甲酰胺环合可制得乙亚胺。乙亚胺是一种主要用于治疗银屑病的药物，还作为某些疫苗的稳定剂及血液抗凝剂。

(5) 纺织印染业中用于提高染料上色率以及印染纺织品的色调和白度。

EDTA 二钠盐是一种重要的配位剂，可作为水处理行业的水质稳定剂，可用于农业微肥、化学喷雾剂以及海水养殖，也是实验室中应用较为广泛的分析试剂，还可用作彩色感光材料冲洗加工的漂白定影液、染色助剂、纤维处理助剂、化妆品添加剂、合成橡胶聚合引发剂。EDTA 是螯合物的代表性物质，能与碱金属、稀土元素和过渡金属等形成稳定的水溶性配合物。此外，EDTA 也可促使放射性金属从人体中迅速排泄，起到解毒作用。

(执笔：王福海、朱宇萍；审定：覃松)

第 2 章　无机化学制备实验

无机化学制备实验是无机化学实验的重要组成部分，对化学实验基本技能要求较为全面。根据目标化合物的不同，可将无机化学制备实验分为简单无机化合物的制备和无机配合物的制备。常见的简单无机化合物制备，如过氧化钙、硫酸亚铁铵的制备；无机配合物的制备，如钴配合物的制备。本章主要介绍无机化合物的制备及物质的分离与提纯过程中涉及的加热、过滤、蒸发(浓缩)、结晶和分离等基本操作，并通过实验项目掌握制备实验中的各项操作技能。

一、常见的加热设备与加热方法

1. 常见的加热设备

在化学实验室中，常用酒精灯(喷)灯及各种电加热器等作为加热设备。

1) 酒精(喷)灯

酒精灯是以酒精为燃料的加热工具。酒精灯由灯壶、灯芯管、灯芯和灯帽组成。酒精灯的加热温度达 400～500℃，适用于温度不需太高的实验。酒精喷灯为实验室加强热用仪器，火焰温度可达 1000℃左右，常用于玻璃仪器的加工。

2) 电热板

电热板是一种常用的加热设备，由电加热器、温控器和加热板三部分组成。电热板通常使用直接加热的方式，适用于加热化学试剂、试管、烧杯，以及烘干、消毒等实验场景。电热板具有温度稳定、加热均匀、易于控制温度等优点。

3) 电热板磁力搅拌器

电热板磁力搅拌器是一种既可加热又可搅拌的实验设备，通常由电热板、磁力搅拌器和温控器三部分组成。使用时，将磁力搅拌子置于试剂中，调整搅拌速度和电热板温度，即可同时完成加热和搅拌的操作。电热板磁力搅拌器具有温度稳定、加热均匀、搅拌效果好等优点。

4) 恒温水浴锅

恒温水浴锅是将试管、烧杯等实验仪器置于恒温水中进行加热的设备，适用于干燥、浓缩、蒸馏、水浴恒温加热等操作。恒温水浴锅具有温度稳定、加热均匀、控制温度精度高等优点。

5) 电热鼓风干燥箱

电热鼓风干燥箱(图 2-1)是将实验样品置于干燥箱中进行加热和干燥的设备，

图 2-1　电热鼓风干燥箱

适用于各种物品的烘焙、干燥、热处理及恒温加热。电热鼓风干燥箱具有温度稳定、加热均匀、干燥效果好等优点。

6) 微波反应器

微波反应器是一种高效且节能的实验室加热装置，适用于各种化学反应和有机合成。与传统的电热板等加热器相比，微波反应器能够快速加热以提高反应效率。

实验室中加热设备种类多，使用时要根据实验需求选择合适的设备。同时，使用中要注意降低操作风险，确保人员和设备安全。

2. 加热方法

1) 直接加热

直接加热是指把盛有试剂的烧杯、试管或蒸发皿等放在酒精灯(或电热板)上加热，适用于较高温度下加热不分解的固体、溶液或纯液体。

2) 热浴间接加热

如果被加热物体需要受热均匀且要控制在一定温度范围内，则可使用热浴间接加热。要求温度不超过 100℃时可用水浴加热。水浴是以水作为传热介质的一种加热方法，将装有被加热物质的器皿放入水中，加热盛水的容器。实验室常用大烧杯代替水浴锅加热(水量占烧杯容积的 1/3)。沙浴是在铺有均匀细沙的铁盘上加热，适用于 400℃以下的加热。

水浴加热装置见图 2-2。

水浴加热优点：避免直接加热造成的局部温度改变剧烈；加热平稳；温度可控。

注意：试管、烧杯、烧瓶、瓷蒸发皿等仪器能承受一定的温度，但不能骤冷或骤热。因此，加热前必须将仪器外壁的水擦干，加热后不能立即与潮湿的物体接触。

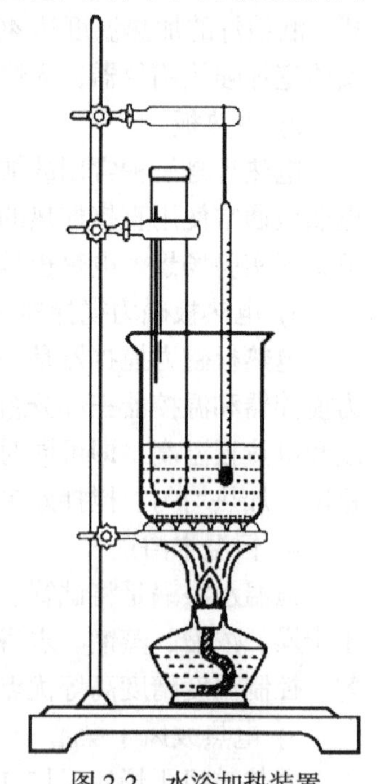

图 2-2　水浴加热装置

二、物质的分离

物质的分离是将含有两种或两种以上物质的混合物彼此分开，从而得到几种纯净物的过程。常见的物理分离方法包括：过滤、蒸发、结晶、分馏、萃取、升华等。常见的化学分离方法包括：沉淀、吸收、溶解等。有时根据需求综合运用物理方法和化学方法分离物质。在此主要介绍过滤、蒸发、结晶、离心等几种常见的分离方法。

1. 固液分离

固液分离是指将不溶于液体的固体从液体中分离出来。固液分离的常见方法有倾析法、过滤法、离心分离法。

1) 倾析法

倾析法操作见图 2-3。适用范围：沉淀相对密度较大或晶体颗粒较大，静置后能很快沉降至容器底部。

2) 过滤法

过滤通常是指采用某种介质以阻挡或截留悬浮液中的固体，达到固液分离的目的。一般过滤操作所需仪器有：玻璃漏斗、小烧杯、玻璃棒、铁架台等；滤纸是常用的介质。

(1) 滤纸。

滤纸的分类：按孔隙大小分快速、中速、慢速；按直径大小分 7 cm、9 cm、11 cm。

滤纸的选择：胶状沉淀选快速滤纸，粗晶形沉淀选中速滤纸，细晶形沉淀选慢速滤纸。依沉淀量选择滤纸大小，要求沉淀总体积不超过滤纸锥体高度 1/3，滤纸大小还应与漏斗大小相适应，要求滤纸上沿低于漏斗约 1 cm。

滤纸的折叠操作见图 2-4。

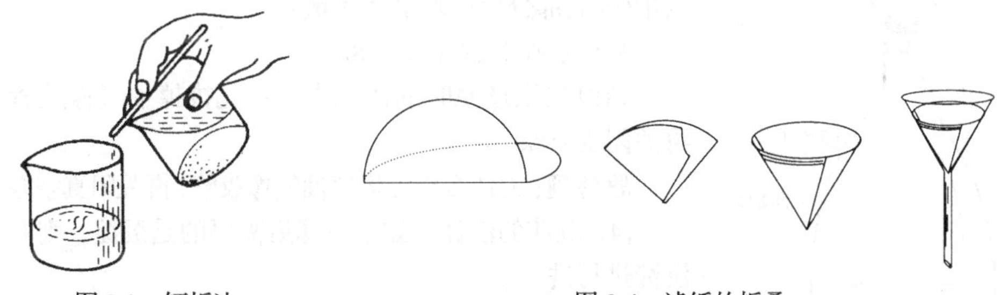

图 2-3　倾析法　　　图 2-4　滤纸的折叠

注意：滤纸尽量与玻璃漏斗内壁贴近，这样会形成连续水珠而使过滤速度加快。特别是热过滤时，如果过滤速度太慢，会使部分被过滤物在漏斗中因冷却析出而堵住漏斗口。

(2) 漏斗。普通漏斗见图 2-5。

普通漏斗的分类：长颈和短颈；斗径 30 mm、40 mm、60 mm、100 mm、120 mm。

普通漏斗的选择：热过滤选择短颈，重量分析选择长颈。依过滤溶液的体积选择适宜斗径。

(3) 过滤。一般过滤操作见图 2-6。

过滤中沉淀的转移：沉淀静置后，先转移清液，倾倒时清液上沿不超过滤纸高度的 2/3 处，以免沉淀因毛细作用越过滤纸上沿而损失。剩余少量滤液时，搅拌，将沉淀悬浮液转移至漏斗上。残留沉淀的转移见图 2-7。

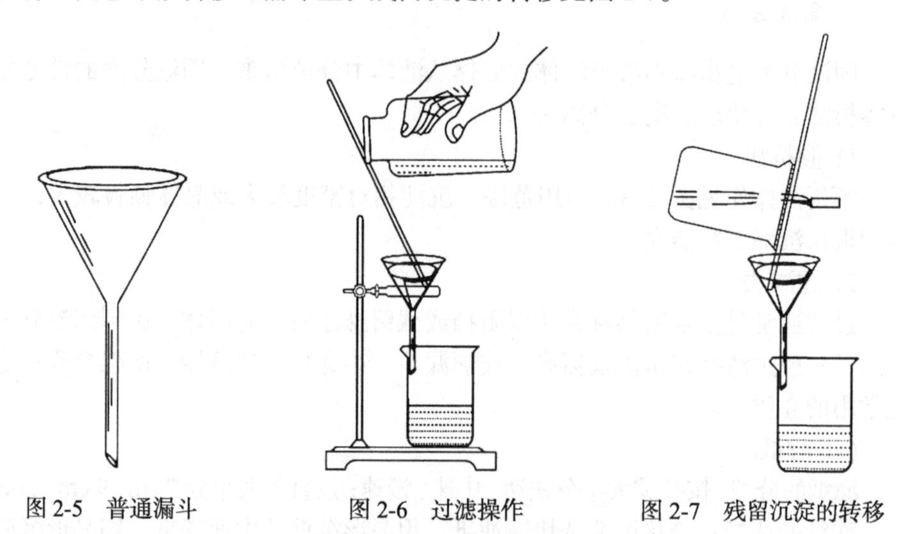

图 2-5　普通漏斗　　图 2-6　过滤操作　　图 2-7　残留沉淀的转移

减压过滤：在收集滤液的玻璃瓶中形成负压以加快过滤速度的过滤方法。

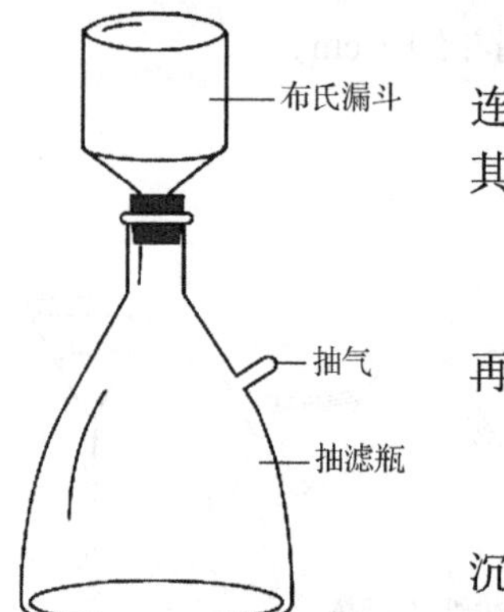

图 2-8　减压过滤装置

布氏漏斗有相对应的滤纸。当抽滤瓶与循环真空泵连接好后，将滤纸周边润湿，再将要过滤的产品转移至其中(溶液部分要用玻璃棒引流)。

减压过滤装置见图 2-8。

结束减压过滤时的注意事项：先拔掉抽气橡胶管，再关闭真空泵。

思考题：为什么要先拔掉抽气橡胶管，再关闭真空泵？

(4) 沉淀的洗涤。如果过滤后需要的是沉淀，则需对沉淀进行洗涤。

洗涤液的选择：若以水为溶剂，沉淀溶解度很小时，因洗涤造成的溶解损失可忽略，可选择水作洗涤液；沉淀溶解度不小时，因洗涤造成的溶解损失不能忽略，则可选择沉淀剂或有机溶剂(如乙醇)作洗涤液。

沉淀的洗涤操作：用滴管滴加洗涤液在沉淀表面，重复操作两三次。

思考题：选择沉淀剂或有机溶剂洗涤沉淀的理论依据是什么？

3) 离心分离法

被分离的沉淀量较少时，可采用离心分离法，其操作简单而快速。离心原理：

利用离心机转子高速旋转产生的强大离心力，使液体中的沉淀颗粒迅速沉降并较为紧密地聚集在离心试管底部，以利于沉淀和溶液的分离。离心机见图 2-9。

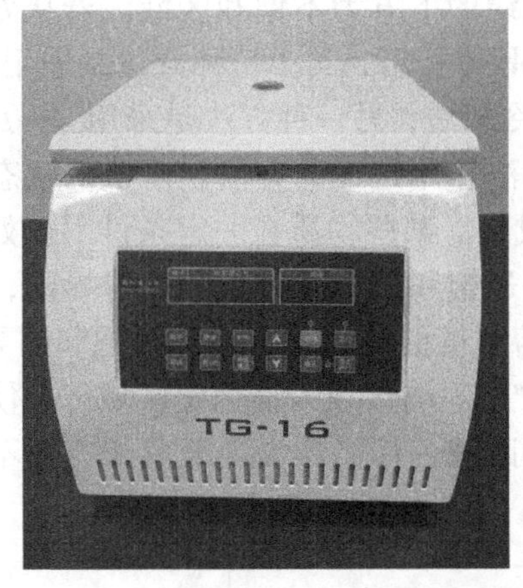

图 2-9　离心机外观图(左图)和离心机内部图(右图)

离心机使用注意事项：使用专用离心试管；离心试管在离心机中对称放置；缓慢开启至适宜转速；离心 3～5 min 后停止，待离心机停止旋转后再取放试管；如果沉淀需要洗涤，可以加入少量洗涤液，用玻璃棒充分搅动，再进行离心分离，如此重复操作直至达到要求；离心机必须水平放置。

2. 蒸发(浓缩)

蒸发：加热使溶剂(通常是水)缓慢地转化成气体，使溶质析出的过程。蒸发所用仪器：蒸发皿。蒸发皿使用注意事项：液体不得超过其容量的 2/3；瓷蒸发皿不得骤冷。

蒸发装置见图 2-10。

思考题：蒸发皿的形状有何特点？为什么？如果需蒸发溶液超过蒸发皿容量的 2/3，应如何处理？

加热方法：酒精灯直接加热、水浴加热。

蒸发程度的控制：如果溶质的溶解度随温度变化较小，则蒸发至溶液表面出现晶膜为止；如果溶质的溶解度随温度变化较大，且室温时溶解度较小，则不必蒸发至液面出现晶膜即可冷却。

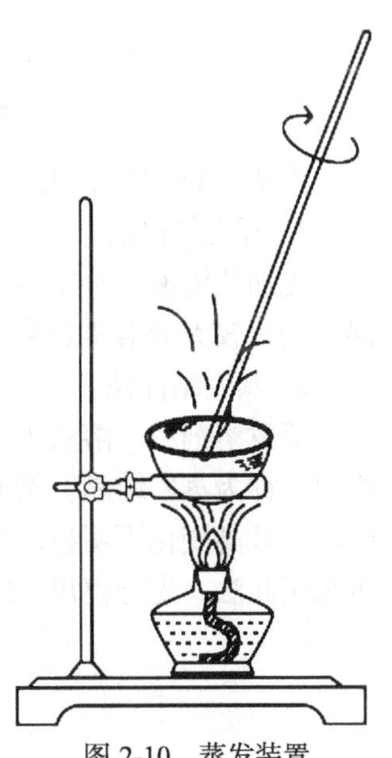

图 2-10　蒸发装置

3. 结晶(重结晶)

结晶是提纯固体物质的重要方法之一，即物质从溶液、熔融体或气体中形成晶体的过程。

要使晶体从溶液中析出，从原理上来说有两种方法。以图 2-11 的溶解度曲线和过溶解度曲线为例。在溶解度曲线的下方为不饱和区域。若从处于不饱和区域的 *A* 点状态的溶液出发，要使晶体析出，其中一种方法是采用 *A*→*B* 的过程，即保持浓度一定，降低温度的冷却法；另一种方法是采用 *A*→*B*′的过程，即保持温度一定，增加浓度的蒸发法，用这样的方法使溶液的状态进入 *BB*′线上方区域，该区域有晶核产生和成长。某些物质在一定条件下虽处于这个区域，但溶液中并不析出晶体，成为过饱和溶液。过饱和度有界限，图中 *CC*′表示过饱和的界限，此曲线称为过溶解度曲线，一旦达到过饱和的界限，稍加震动就会有晶体析出。在 *BB*′和 *CC*′之间的区域为准稳定区域。要使晶体能较大地成长，应当使溶液处于准稳定区域，让晶体慢慢地成长，而不析出细小的晶体。

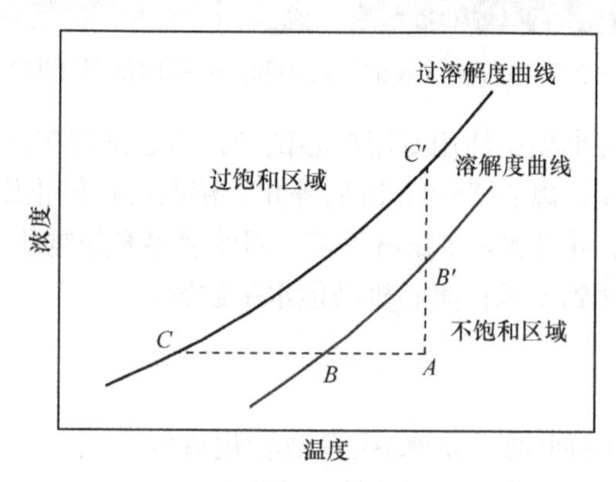

图 2-11　溶液浓度与温度的关系曲线

由图 2-11 可知，常见的结晶技术有两种：降温结晶法和蒸发结晶法。

1) 降温结晶法

先加热溶液，蒸发溶剂成饱和溶液，此时降低热饱和溶液的温度，溶解度随温度变化较大的溶质就会呈晶体析出，称为降温结晶。

2) 蒸发结晶法

蒸发溶剂后，溶液由不饱和变为饱和，继续蒸发，则过剩的溶质就会呈晶体析出，称为蒸发结晶。例如，KNO_3 的溶解度随温度升高而增大，NaCl 的溶解度随温度升高变化不明显。当 NaCl 和 KNO_3 的混合物中 NaCl 多而 KNO_3 少时，即可采用此法，先分离出 KNO_3，再分离出 NaCl。

(执笔：朱宇萍；审定：覃松)

实验六　硫酸亚铁铵的制备

一、实验目的

了解复盐的特性，学习复盐硫酸亚铁铵的制备方法；掌握无机化学制备实验的基本操作：水浴加热、溶解、过滤、蒸发和结晶等；了解利用溶解度差异制备物质的过程。

二、实验原理

1. 相关知识

复盐又称量盐，是由两种或两种以上简单盐组成的同晶型化合物，如明矾 $KAl(SO_4)_2 \cdot 12H_2O$[或 $K_2SO_4 \cdot Al_2(SO_4)_3 \cdot 24H_2O$]、莫尔盐$(NH_4)_2SO_4 \cdot FeSO_4 \cdot 6H_2O$、铁钾矾 $KFe(SO_4)_2 \cdot 12H_2O$[或 $K_2SO_4 \cdot Fe_2(SO_4)_3 \cdot 24H_2O$]。但是，偏铝酸钠($NaAlO_2$)这种类型的物质不是复盐，因为不能电离出 Al^{3+}。

能够形成复盐的离子必须大小相近，具备相同的晶格。一般体积较大的一价阳离子(如 K^+、NH_4^+)和半径较小的二、三价阳离子(如 Fe^{2+}、Fe^{3+}、Al^{3+}等)易形成复盐。

复盐具有如下特点：

(1) 复盐溶于水时，电离出的离子与其组成盐电离出的离子相同。因此，复盐溶液的性质与其组成盐的混合溶液没有区别。

(2) 复盐比各组成盐都稳定。

(3) 复盐的溶解度在一定温度范围内比其组成的简单盐小，见表 2-1。

表 2-1　硫酸亚铁、硫酸铵、硫酸亚铁铵在水中的溶解度(g/100 g H_2O)

物质(相对分子质量)	t/℃			
	10	20	30	70
$FeSO_4$ (151.9)	20.5	26.6	33.2	56.0
$(NH_4)_2SO_4$ (132.1)	73.0	75.4	78.1	91.9
$(NH_4)_2SO_4 \cdot FeSO_4 \cdot 6H_2O$ (392.1)	18.1	21.2	24.5	38.5

由两种简单盐的混合饱和溶液结晶即可制得复盐。因此，在 $FeSO_4$ 和$(NH_4)_2SO_4$的浓混合溶液中可析出比较纯净的莫尔盐晶体。

2. 硫酸亚铁铵的性质

硫酸亚铁铵的分子式为$(NH_4)_2SO_4 \cdot FeSO_4 \cdot 6H_2O$，是一种蓝绿色的无机复盐，俗称莫尔盐，因德国化学家莫尔(K. F. Mohr)而得名。实验室中常用来代替硫酸亚铁配制亚铁离子的溶液，原因在于硫酸亚铁铵(100～110℃时分解)比硫酸亚铁稳定，在空气中不易被氧化。

从化学平衡的角度看，硫酸亚铁晶体放置易被氧化：

$$4FeSO_4 \cdot 7H_2O + O_2 = 2Fe_2O_3 + 8H^+ + 4SO_4^{2-} + 24H_2O$$

形成莫尔盐后，铵根离子显酸性，使上述化学平衡向左移动，抑制硫酸亚铁氧化。

从分子结构的角度看，在 H_4N-O-(SO_2)-O-Fe-O-(SO_2)-O-NH_4 的分子结构中，氮原子具有较强的电负性，铁原子的外层电子更多地被相邻氧原子吸引，而被空气中氧原子吸引的机会减少，宏观上表现为硫酸亚铁铵比硫酸亚铁更稳定，不容易被氧化。

3. 制备方法

1) 制备反应

本实验采用铁屑与稀硫酸作用生成硫酸亚铁溶液：

$$Fe + H_2SO_4 = FeSO_4 + H_2\uparrow$$

然后在硫酸亚铁溶液中加入硫酸铵并使其完全溶解，经蒸发浓缩，冷却结晶，得到$(NH_4)_2SO_4 \cdot FeSO_4 \cdot 6H_2O$ 晶体：

$$FeSO_4 + (NH_4)_2SO_4 + 6H_2O = (NH_4)_2SO_4 \cdot FeSO_4 \cdot 6H_2O$$

2) 条件控制

(1) 制备硫酸亚铁的条件控制。

a. 水量控制。水量较少的情况：一是过滤时硫酸亚铁晶体将析出，与还未反应的铁屑混杂，造成原料的损失；二是将导致产物不纯，生成黄色溶液，或者硫酸亚铁沉淀与未反应的铁粉形成块状黑色物质。

$$2Fe + 6H_2SO_4(较浓) = Fe_2(SO_4)_3 + 6H_2O + 3SO_2$$

水量过多的情况：将使反应速率降低。

综上所述，由于反应是在加热条件下进行的，水分不断减少，所以应补充水分。考虑到后期要进行蒸发浓缩操作，保持适量原体积即可。

b. 温度控制。硫酸亚铁结晶水的多少与温度的关系见图 2-12。

由图 2-12 可知：当温度高于 336 K 时，浅绿色的 $FeSO_4 \cdot 7H_2O$ 将失去结晶水，转化成溶解度较小的白色 $FeSO_4 \cdot H_2O$ 而析出晶体。温度太低，则反应速率太慢。一般温度控制在 50～60℃；温度降低，$FeSO_4 \cdot 7H_2O$ 因溶解度降低而析出，过滤时将与未反应的铁屑一起除去而造成损失，因此减压过滤 $FeSO_4 \cdot 7H_2O$ 要趁热。

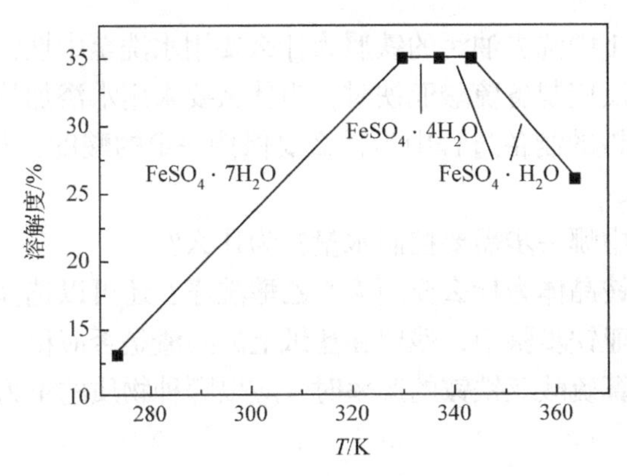

图 2-12　硫酸亚铁不同结晶水盐的溶解度曲线

c. 酸度控制。酸度偏低可能会导致溶液显黄褐色或生成黄褐色胶状物质：

$$4Fe^{2+} + 4H^{+} + O_2 = 4Fe^{3+} + 2H_2O$$

$$Fe^{3+} + H_2O = Fe(OH)^{2+}(\text{黄褐色}) + H^{+}$$

此时应适当补充硫酸，以增加酸度。

d. 时间控制。硫酸亚铁制备过程中，若反应时间过长，易生成黄褐色胶状物质，导致终产物带有黄色。

e. 反应试剂的用量控制。硫酸亚铁制备中，无论控制酸过量还是铁过量，均能得到硫酸亚铁，但其质量和纯度将受影响。若铁过量，可防止 $FeSO_4$ 被氧化；控制溶液的 $pH < 1$，可抑制 $FeSO_4$ 水解。一般铁稍过量时，产品质量较好，未反应的铁也可循环反应。

(2) 制备硫酸亚铁铵的条件控制。

终点控制。蒸发浓缩初期要不停搅拌，一旦出现晶膜立即停止搅拌，等待晶体析出。

三、实验指导

1. 课前预习

本实验涉及水浴加热、减压过滤、沉淀洗涤、蒸发等实验操作，阅读本章概述的相关内容。

2. 课前思考

(1) 本实验中需要分离操作。实验中哪些步骤涉及分离操作？应分别选择哪种分离方法？

(2) 为什么硫酸铵溶液和硫酸亚铁溶液混合并浓缩后会析出硫酸亚铁铵晶体？

(3) 实验内容 1 中洗去油污的铁屑为什么要用水洗至中性?

(4) 铁与硫酸反应制备硫酸亚铁时，为什么要采用水浴加热?

(5) 硫酸亚铁铵的制备过程中为什么要保持一定的酸度？蒸发浓缩时是否需要搅拌?

(6) 实验过程中哪一步需要控制水量？为什么?

(7) 硫酸亚铁铵晶体为什么要用无水乙醇洗涤？还可以选择哪些洗涤剂?

(8) 制备硫酸亚铁步骤中，残留在滤纸上的残渣是否应称量?

(9) 本实验计算硫酸亚铁铵的产率时，应以哪种物质的量为准？为什么?

3. 注意事项

(1) 加入过量的铁屑可以防止 Fe^{2+}被氧化成 Fe^{3+}，还可除去废铁屑中铁锈带入的 Fe^{3+}。

(2) 硫酸与铁粉作用的过程中会产生大量的有害气体，应注意通风，避免发生事故。

(3) 蒸发浓缩初期要不停搅拌，并随时观察晶膜的出现。一旦出现晶膜，立即停止搅拌，以免破坏晶体而影响产品的质量。

(4) 浓缩后将溶液转移到密闭容器中冷却结晶，以减少接触空气的时间。

四、仪器和试剂

仪器：电子天平、烧杯、锥形瓶、量筒、布氏漏斗、抽滤瓶、真空泵、三脚架、石棉网、蒸发皿、酒精灯、表面皿。

试剂：铁屑、硫酸铵(s)、碳酸钠溶液(1 mol/L)、硫酸(3 mol/L)、无水乙醇。

材料：pH 试纸、滤纸。

五、实验内容

1. 铁屑的净化

称取 2 g 铁屑置于 150 mL 烧杯中，加入 20 mL 1 mol/L Na_2CO_3溶液，小火加热 5～10 min，除去铁屑表面的油污。用倾析法除去碱液，再用水洗净铁屑至中性。

2. 硫酸亚铁的制备

在盛有洗净铁屑的锥形瓶中加入 10 mL 3 mol/L H_2SO_4溶液，在通风橱(铁屑中有杂质 As、P、S 等，与稀硫酸反应后生成 AsH_3、PH_3、H_2S 等)中进行水浴加热，直至不再有大量气泡放出，铁屑基本沉于瓶底为止。趁热过滤，用少量热水洗涤滤渣，将滤液转移至蒸发皿中。

滤渣的处理：过滤后的残渣用滤纸吸干后称量。

注意：温度控制在 70～75℃，并补充蒸发掉的水分以保持原体积。

3. 硫酸亚铁铵的制备

计算所需固体$(NH_4)_2SO_4$的质量，按计算值称量并加至$FeSO_4$溶液中。

水浴加热、搅拌，至固体$(NH_4)_2SO_4$全部溶解(若不能溶解，可适当补充水)，检验溶液酸度，并用H_2SO_4调节至 pH 为 1～2。

蒸发浓缩，至表面出现晶膜时立即停止搅拌。取下蒸发皿，冷却至室温，即可得到硫酸亚铁铵结晶。减压过滤，用少量无水乙醇洗涤晶体表面两三次，并将结晶转移至表面皿上，晾干。观察晶体的颜色、性状，并记录。称量，计算产率。

六、数据记录及处理

室温：____________湿度：____________大气压：____________

铁屑的质量 m_1 =________g

铁屑残渣和滤纸质量 m_2 =________g

滤纸质量 m_3 =________g

铁屑残渣质量 m_4 =________g

硫酸亚铁的理论产量 m_5 =________g

固体硫酸铵的质量 m_6 =________g

硫酸亚铁铵的产率/% = (产品质量/理论产量) × 100% =________

计算过程：________

七、实验习题

(1) 根据硫酸和铁发生反应的化学计量关系式，说明实验中应控制哪种反应物过量。原因何在？

(2) 能否将最后产物$(NH_4)_2Fe(SO_4)_2 \cdot 6H_2O$ 直接放在蒸发皿中加热干燥？为什么？

(3) 查阅资料，说明如何检验莫尔盐产品中的离子(选做)。

八、拓展知识

卡尔·弗里德里希·莫尔

卡尔·弗里德里希·莫尔(Karl Friedrich Mohr，1808—1879)于 1808 年 11 月 4 日出生于德国的科布伦茨。受身为药剂师的父亲影响，莫尔就读了药学系，先后在波恩大学、海德尔贝格大学、柏林大学三所大学读书，并获得博士学位。毕业后，莫尔回到科布伦茨继承父业。他用业余时间从事各方面的科学试验，最初研究物理学，于 1837 年发表了第一篇论文《关于热的性质的看法》。

1847 年，莫尔独立进行了《普鲁士药典》的修订工作。接着又编写了一部《药学手册》，这本书广受欢迎，曾经两次被译成英文。后来，莫尔的兴趣又转到容量分析方面，并发表了相关论文。1855 年编写的《化学分析滴定法教程》经多次再版，直到 1914 年还经人修订出版了最后一个版本。

莫尔(1808—1879)

在分析化学领域，莫尔确立了测定铁和氯化物的定量分析法——莫尔法。测定相对密度的莫尔天平、莫尔节流夹滴定管及软木塞打孔器等实验仪器都是莫尔发明和改进的。当时，看到软木塞钻孔器被加工成大小八件，成为一套很有用的工具，莫尔的老师、德国著名化学家李比希称赞说："这虽然是一套很简单的仪器，但是在实验室里却成了重要的设备。"目前这种钻孔器仍在使用。由于李比希的名声很大，所以后人往往把莫尔的某些发明当作李比希的发明。例如，现在常用的冷凝器称为李比希冷凝器，实际上是莫尔首创的。他的著作《化学分析滴定法教程》(1855)获得高度评价，其他著作还有《化学亲和力和新化学的力学理论》(1868)、《物理和化学的动力学基础概论》(1874)等。

莫尔的药剂师事业并不成功。1863 年，他因药房倒闭而失业。不得已在六十岁时到波恩大学当了一名讲师，最后也只做到助理教授，不久就退休了。莫尔晚年的生活比较贫困，他于 1879 年 9 月 28 日在波恩去世时，几乎没有引起化学界的注意。

实际上，莫尔的研究范围非常广，如气象学、力学、毒物学和地质学等，甚至对于养蜂的方法都发表过论文。他在分析方面的研究最突出，一般称他为分析化学家。

(执笔：苏布道、朱宇萍；审定：覃松)

实验七　过氧化钙的制备

一、实验目的

了解过氧化物的性质及应用，学习过氧化钙的合成方法；练习制备无机化合物的一些基本操作。

二、实验原理

1. 性状

纯净的过氧化钙(CaO_2)为白色或微黄色粉末，摩尔质量 72.08 g/mol，相对密度 2.92，无臭无味；易溶于酸，难溶于水，不溶于乙醇、乙醚、丙酮等有机溶剂；其活性氧含量为 22.2%，加热至 300℃时则分解为 CaO 和 O_2：

$$2CaO_2 \xrightarrow{\triangle} 2CaO + O_2\uparrow$$

在潮湿空气或水中逐渐缓慢地分解：

$$CaO_2 + 2H_2O = Ca(OH)_2 + H_2O_2$$

与稀酸反应生成盐和 H_2O_2：

$$CaO_2 + 2H^+ = Ca^{2+} + H_2O_2$$

在 CO_2 作用下逐渐变为碳酸盐，并放出氧气：

$$2CaO_2 + 2CO_2 = 2CaCO_3 + O_2\uparrow$$

因此，在过氧化钙的储存过程中一定要避免以上几种情况。

2. 原理

$CaCl_2$ 在碱性条件下与 H_2O_2 反应[或 $Ca(OH)_2$、NH_4Cl 溶液与 H_2O_2 反应]得到 $CaO_2 \cdot 8H_2O$ 沉淀，反应式如下：

$$CaCl_2 + H_2O_2 + 2NH_3 \cdot H_2O + 6H_2O = CaO_2 \cdot 8H_2O + 2NH_4Cl$$

副反应有

$$2H_2O_2 = 2H_2O + O_2\uparrow$$

$$2CaO_2 + 2H_2O = 2Ca(OH)_2 + O_2\uparrow$$

温度越高越有利于副反应发生，因此本实验的反应温度一般在 10℃以下。

3. 实验室获得低温的方法

1) 冰盐混合体系

利用稀溶液的依数性，通过盐和冰不同比例混合物获得不同的低温。实验室常用的冰盐制冷剂见表 2-2。

表 2-2　实验室常用的冰盐制冷剂

盐	盐冰比(质量比)	温度/℃	盐	盐冰比(质量比)	温度/℃
$CaCl_2 \cdot 6H_2O$	41/100	−9.0	$NaNO_3$	59/100	−18.5
$CaCl_2$	80/100	−11.0	$(NH_4)_2SO_4$	62/100	−19.0
$Na_2S_2O_3 \cdot 6H_2O$	67.5/100	−11.0	NaCl	33/100	−21.2
KCl	30/100	−11.0	$CaCl_2 \cdot 6H_2O$	82/100	−21.5
NH_4Cl	25/100	−15.8	$CaCl_2 \cdot 6H_2O$	125/100	−40.3
NH_4NO_3	60/100	−17.3	$CaCl_2 \cdot 6H_2O$	143/100	−55.0

2) 固态二氧化碳

可利用固态二氧化碳(干冰)或固态二氧化碳与一些有机溶液的混合物获得低温。例如，固态二氧化碳温度为−78.9℃；固态二氧化碳+乙醇的温度为−72℃；固态二氧化碳+乙醚、氯仿或丙酮的温度为−77℃。

3) 液氮

实验室常用液氮获得低温，其沸点为−196℃，配合适当的调节控制系统可调节至−196～−40℃任意一个温度。

三、实验指导

1. 课前预习

本实验涉及冰水浴操作、减压过滤操作，请预习相关内容。

2. 课前思考

(1) 制备过氧化钙时，为什么要用氨水而不用氢氧化钠？
(2) 氯化钙可以选择生活中的什么物质来替代？
(3) 制备过程中为什么把抽干后得到的产物置于烘箱烘 20 min？
(4) 除教材中的方法外，试写出鉴别产物为过氧化钙的其他方法。
(5) 计算过氧化钙的理论产值。
(6) 试计算本实验 NH_4Cl 晶体的理论质量。

3. 注意事项

(1) 统筹安排实验步骤，提前准备好冰水浴，碎冰温度范围：−5～0℃。
(2) 若反应温度控制不好，则部分氨水和 H_2O_2 分解，反应物的量减少。
(3) 滴加 $CaCl_2$ 溶液的速度不宜太快，否则反应不完全，影响产率。
(4) 洗涤沉淀时冰水不宜太多，否则会带走较多的产品。

四、仪器和试剂

仪器：真空泵、烧杯、布氏漏斗、抽滤瓶、量筒、分析天平、点滴板、烘箱、干燥器。

试剂：无水 $CaCl_2$(或 $CaCl_2 \cdot 6H_2O$)、H_2O_2(30%)、$KMnO_4$ 溶液(0.02 mol/L)、$NH_3 \cdot H_2O$(2 mol/L)、HCl(2 mol/L)、H_2SO_4(2 mol/L)、冰块。

五、实验内容

1. 过氧化钙的制备

称取 1.11 g 无水 $CaCl_2$(或 2.22 g $CaCl_2 \cdot 6H_2O$)于小烧杯中，用 1.5 mL 蒸馏水

溶解；用冰水将 $CaCl_2$ 溶液和 5 mL 30% H_2O_2 溶液冷却至 0℃左右，然后混合摇匀，边冷却边搅拌，同时逐滴加入 10 mL 2 mol/L $NH_3 \cdot H_2O$ 溶液，静置冷却。抽滤后用少量冰水洗涤晶体两三次，抽干后置于烘箱中，于 160℃下烘 20 min，然后转入干燥器中冷却，称量，计算产率。

注意：反应温度以 0～8℃为宜，低于 0℃时液体易冻结，使反应困难；抽滤出的晶体是 $CaO_2 \cdot 8H_2O$，在 160℃下烘 20 min，得无水 CaO_2。

2. 回收副产品

将滤液用 2 mol/L HCl 溶液调至 pH 为 3～4，然后放在蒸发皿中，小火加热浓缩，可得副产品 NH_4Cl。

3. 过氧化钙的检验

在点滴板上滴 1 滴 0.02 mol/L $KMnO_4$ 溶液，加 1 滴 2 mol/L H_2SO_4 酸化，然后加少量 CaO_2 粉末，用玻璃棒搅匀，若有气泡逸出且 $KMnO_4$ 褪色，证明有 CaO_2 存在。

六、数据记录及处理

室温：______________湿度：____________大气压：_________

氯化钙的质量 m_1 =________g

固体过氧化钙和滤纸的质量 m_2 =________g

滤纸质量 m_3 =________g

固体过氧化钙的质量 m_4 =__________g，产品外观：_______________

过氧化钙的理论产量 m_5 =________g

过氧化钙的产率/% = (产品质量/理论产量) × 100% =______________

NH_4Cl 的理论产量 m_6 =________g

NH_4Cl 的实际产量 m_7 =________g

计算过程：______________

七、实验习题

(1) CaO_2 如何储存？为什么？

(2) 所得产物中的主要杂质是什么？如何提高产物的产率与纯度？

(3) 除教材的制备方法外，还有其他制备方法吗？

八、拓展知识

过氧化钙的用途

过氧化钙是一种应用广泛的多功能无机过氧化物，本身无毒不污染环境，广泛用于农业、水产、食品和环保领域，用作杀菌剂、防腐剂、发酵剂、解酸剂、漂白剂和废水处理剂，在食品、牙膏、化妆品等生产中作为添加剂。农业上用作种子及谷物的消毒剂，还可用于水果保鲜、水稻直播及纸浆、纺织品的漂白等。过氧化钙最主要的用途是在水产养殖业中用作水体增氧、杀菌剂。定期加入适量的过氧化钙可快速有效地增加水塘中的氧含量，提高水质清新度，维持鱼虾的正常成活、生长，并有杀菌、减少病害的作用。在运输鲜活鱼虾的过程中，加入适量的过氧化钙，可避免鱼虾因缺氧而死亡。随着应用科学技术的不断发展，过氧化钙的用途日益广泛。

1. 水产养殖

过氧化钙在水产养殖方面有重要的应用，不仅可以增加水中的溶氧量，防止水质恶化，消除厌氧菌繁殖，破坏对水栖动物有害的 H_2S，而且对水产类缺氧急救、运输、预防浮头具有极其明显的效果。还可治理浮游生物迅速繁殖所引起的赤潮。例如，在 1.5 m 深的鱼池内每亩①投放 20～30 kg CaO_2，就相当于更换一池新水。当鱼池出现浮头现象时，可向每亩每米深的水中均匀地加入 4 kg CaO_2；若已出现严重翻池，则用量适当增加。又如，浮游生物是鱼虾类的营养源，但夏季易形成赤潮而造成鱼类大量死亡，若在 1 L 赤潮中加入 50～250 mg CaO_2，则赤潮在数小时至一昼夜内即消失。

过氧化钙作为释氧剂，在有限的水域内能提高饲养密度，增加单位产量，避免因养殖水体缺氧而导致的水产动物浮头或泛池，特别是在水产动物的越冬期。将过氧化钙膨润土混合物应用于对虾育苗生产中时，能增加水体中的溶解氧含量，促使对虾脱皮，增加幼虾的活力。过氧化钙在水体中逐渐释氧后转化为氢氧化钙，氢氧化钙能与水体中的二氧化碳反应生成碳酸钙，从而调节水体的 pH。

2. 果蔬保鲜

过氧化钙用于水果、蔬菜保鲜，安全可靠，且效果显著。水果在自然存放过程中释放出的二氧化碳和乙烯气体会造成水果软化甚至腐烂，给储运带来了很大的难题。如果在储运过程中将果品装入塑料袋并加入适量过氧化钙，由于过氧化钙释放氧气，改善果品周围的气体成分，氧化乙烯气体，进而起到保鲜作用，保鲜期一般可延长近两个月，自然损失率大大降低，而且操作非常方便。

例如，将 1 g 过氧化钙用纸包好放入塑料食品袋内，再放入 1.5 kg 橘子，室温下储存 60 天不变质、不变色，且甜度提高。制作腌菜时，加入过氧化钙可使腌菜保持原有的青绿色。培育豆芽菜时加入 2%～7%过氧化钙，可提高豆类的发芽

① 亩，非法定单位，1 亩≈666.67 m^2。

率和生长速度，培育同样时间，生长量指数从 100 增至 133，个体长度平均增长 20 mm，产量提高，成本降低，并且豆芽白度高、口味好。

同时，过氧化钙也满足果蔬保鲜剂必须具备的三个条件：能有效控制果蔬采后腐烂的病原菌；果蔬食用部分中药剂残留量低，符合食品卫生标准；使用方便，价格低廉。

过氧化钙本身无毒，因此用于食品保鲜是安全的，并且效果显著。以储藏竹笋为例，国内储藏竹笋主要有制作笋干和加工成半潮竹笋两种方法，但这两种方法都有一定的弊端：制作笋干使竹笋失去了鲜嫩的特点，食用口感较新鲜竹笋大打折扣；加工成半潮竹笋工艺流程十分复杂，要经过真空包装、杀菌、冷藏等多道程序，成本过高，不易普及推广。过氧化钙具有无味、无臭、无毒等特点，用过氧化钙做竹笋的保鲜剂非常合适，既保留了竹笋特有的鲜味，且方法简单，加工费用较低。

过氧化钙还可作为食品添加剂。例如，用作面包的添加剂，使面包成色白、松软且保持水分；用青菜制咸菜时，使用一定量的过氧化钙可使青菜保持绿色，且添加物对人体无害。

(执笔：王福海、朱宇萍；审定：覃松)

实验八　硫代硫酸钠的制备

一、实验目的

掌握硫代硫酸钠的制备原理和方法；熟练掌握加热、过滤、蒸发、浓缩、结晶等基本操作。

二、实验原理

1. 硫代硫酸钠的性质

常温下从溶液中结晶出来的硫代硫酸钠分子式为 $Na_2S_2O_3 \cdot 5H_2O$，俗称大苏打，又称海波(hypo)，为无色透明单斜晶体，易溶于水，水溶液显弱碱性。

在中性、碱性溶液中较稳定，在酸性溶液中迅速分解：

$$S_2O_3^{2-} + 2H^+ = H_2O + S\downarrow + SO_2\uparrow$$

在空气中易风化(视温度和相对湿度而定，如在 33℃以上的干燥空气中风化而失去结晶水)。$Na_2S_2O_3$ 于 40℃～45℃熔化，48℃分解。

硫代硫酸钠具有较强的还原性，是常用的还原剂，在分析化学及摄影、医药、纺织、造纸等方面具有很大的实用价值。另外，硫代硫酸根具有很强的配位能力，可用作定影剂，也可用于鞣制皮革、电镀以及从矿石中提取银等。

2. 硫代硫酸钠的制备方法

1) 工业制法

(1) 亚硫酸钠法。在纯碱溶液中通入二氧化硫作用生成亚硫酸钠，再加入硫单质，经过滤、浓缩、结晶，制得硫代硫酸钠。反应式如下：

$$Na_2CO_3 + SO_2 = Na_2SO_3 + CO_2$$

$$Na_2CO_3 + 2SO_2 + H_2O = 2NaHSO_3 + CO_2$$

$$2NaHSO_3 + Na_2CO_3 = 2Na_2SO_3 + CO_2 + H_2O$$

$$Na_2SO_3 + S + 5H_2O = Na_2S_2O_3 \cdot 5H_2O$$

该方法装置较复杂，使用原料种类较多，且反应中 SO_2 气体有毒，需在通风橱中进行。

(2) 硫化碱法。利用硫化碱生产过程所得蒸发残渣中的 Na_2CO_3 和 Na_2S 与硫废气中的 SO_2 反应，经吸硫、蒸发、结晶，直接制得硫代硫酸钠。

$$2Na_2S + Na_2CO_3 + 4SO_2 + 15H_2O = 3Na_2S_2O_3 \cdot 5H_2O + CO_2$$

该方法消除了硫化碱废渣中硫化钠对环境的污染，有效利用了硫化碱废渣的潜在价值，适用于工业生产领域较大规模的生产。

(3) 氧化亚硫酸钠和重结晶法。分别将含 Na_2S、Na_2SO_3 和 Na_2CO_3 的液体经加硫、氧化、粗制。

$$2Na_2S + 2S + 3O_2 = 2Na_2S_2O_3$$

$$Na_2SO_3 + S + 5H_2O = Na_2S_2O_3 \cdot 5H_2O$$

$$Na_2CO_3 + S + SO_2 + 5H_2O = Na_2S_2O_3 \cdot 5H_2O + CO_2$$

将所得硫代硫酸钠混合、浓缩、结晶，制得硫代硫酸钠。

以上三种方法均利用了硫元素的氧化还原性质，经过多相反应、浓缩和结晶等过程制得硫代硫酸钠晶体。

2) 实验室制法

(1) 亚硫酸钠与硫反应制备硫代硫酸钠。制备过程如下：

$$Na_2SO_3 + S + 5H_2O = Na_2S_2O_3 \cdot 5H_2O$$

该方法直接用硫粉作为反应物，原料简单易得，所用仪器操作简易。但存在如下缺点：常出现黏稠液体，因无法析出晶体而导致实验失败；硫粉易结块；在研磨硫块的过程中，硫粉飞尘对环境造成污染，有损实验者的健康，同时研磨致使部分硫附着在研钵上，造成药品浪费；产率较低；实验接触的硫化物种类较少，不利于学生对硫及其化合物性质的整体认识。

(2) 用反应新生成的硫与亚硫酸钠反应制备硫代硫酸钠。制备过程如下：

$$Na_2SO_3 + H_2SO_4 = Na_2SO_4 + SO_2\uparrow + H_2O$$

$$2Na_2S + 3SO_2 = 2Na_2SO_3 + 3S\downarrow$$

$$Na_2SO_3 + S + 5H_2O = Na_2S_2O_3 \cdot 5H_2O$$

该方法的优点是：新生成的硫颗粒几乎为原子态，活性很高，反应快；实验涉及多种硫化物，有助于对硫化物物理、化学性质的系统了解和整合。

该方法的缺点是：装置复杂，易发生二氧化硫有毒气体泄漏和倒吸现象；操作较繁杂，不利于环境保护及实验者身体健康。

本实验利用硫粉与亚硫酸钠溶液在共煮条件下反应，经过滤、蒸发浓缩、冷却至室温，得到晶体 $Na_2S_2O_3 \cdot 5H_2O$，再经过滤干燥制得产品。反应式如下：

$$Na_2SO_3 + S + 5H_2O = Na_2S_2O_3 \cdot 5H_2O$$

3. 反应条件的控制

1) 温度控制

无机制备需要采用加热条件的原因主要是常温条件下反应不能进行或反应速率较慢。

本实验的制备反应为固体间的非均相反应，高温可加快扩散，从而提高反应速率，故采用在反应物共煮条件下进行。

非均相反应又称多相反应，反应物是两相或两相以上的组分(固体和气体、固体和液体、两种互不混溶的液体)，或者一种或多种反应物在界面(如固体催化剂表面)上进行的反应的总称。

非均相反应的特征有以下两方面：

(1) 反应物必须向相界面扩散。多相反应大多在相界面进行，但也有少数多相反应主要发生在不同的相中。例如，以硫酸为催化剂，用浓硝酸水溶液对苯进行消化反应，在两个液相中都能进行反应，酸相中的反应速率为有机相中的数倍。即使这样，反应物也必须向相界面扩散，以进入另一相中发生反应。

针对本制备反应，硫粉要尽可能地在表面与溶液相接触，能溶解在溶液中最好。硫粉难溶于水，根据相似相溶原理，可将硫粉预先在乙醇溶剂中适当溶解，利用乙醇和水可混溶的特点，使硫粉在水中易溶解。同时，适当的加热和搅拌也可以加速此过程。

(2) 相界面的大小和性质是影响多相反应的一个重要因素。界面或分散度越大，越有利于多相反应，即硫粉颗粒越细，没有黏结，界面越大，越有利于反应。

针对本制备反应，选用干燥的硫粉，充分研细，增大固、液两相的接触面积，以提高反应速率。

2) 晶体的析出

硫代硫酸钠结晶时易形成过饱和溶液，难以从溶液中析出；若蒸发的液体过量，结晶出的硫代硫酸钠会结成硬块，在蒸发及过滤的步骤中，难以与蒸发皿或滤纸分离开。因此，在晶体析出的过程中，把握适当的蒸发浓缩速度极为重要。

本实验的关键是控制蒸发浓缩的速度，切忌蒸发过度。

三、实验指导

1. 课前预习

本实验为固体间的非均相反应，涉及减压过滤、蒸发浓缩、结晶等基本操作。

2. 课前思考

(1) 制备 $Na_2S_2O_3 \cdot 5H_2O$ 时，选用锥形瓶作为反应容器有何优点？

(2) 硫粉为什么要用乙醇浸润？反应过程中为什么要充分振摇？能否依靠溶液的沸腾达到振摇的目的？

(3) 第一次减压过滤的目的是什么？

(4) 将硫粉加入亚硫酸钠溶液中，小火加热 40 min 后，若溶液还是呈黄色，是什么原因？应如何处理？

(5) 如何控制浓缩液体积？

(6) 讨论以下过程对产量有什么影响：

a. 反应物溶解量不够。

b. 煮沸过程的时间控制不当，没有完全反应便停止加热。

c. 蒸发过程中，水分蒸发不够完全。

d. 所得产物没有完全冷却便进行抽滤。

e. 用于洗涤的乙醇不纯。

3. 注意事项

(1) 小火加热期间要经常搅拌。若沸腾剧烈，则硫磺粉会粘在烧杯壁上。若烧杯壁上粘有硫磺，可通过补充因蒸发损失的水，将其冲淋下来。

(2) 除最后一次抽滤外，其他抽滤必须趁热，防止结晶。

(3) 蒸发时必须保持小火，且不可直接蒸干。若蒸发浓缩速度太快，产品易结块；若蒸发浓缩速度太慢，产品不易形成结晶。

四、仪器和试剂

仪器：台秤、电子天平、烧杯、锥形瓶、量筒、布氏漏斗、抽滤瓶、真空泵、三脚架、石棉网、蒸发皿、酒精灯、表面皿。

试剂：硫粉(s)、亚硫酸钠(s)、乙醇(95%)。

材料：滤纸。

五、实验内容

称取 6 g 固体 Na_2SO_3 置于 250 mL 锥形瓶中，加 30 mL 蒸馏水溶解。称取 2 g 磨成粉末状的硫粉，用 2 mL 95%乙醇润湿调成糊状后加至溶液中，小火加热至微沸，并充分振摇。

注意：硫粉要求干燥、研细、无结块；亚硫酸钠最好用新制试剂；若反应过程中溶液体积太小，可适当补水。

待溶液沸腾后转为小火，保持溶液微沸状态不少于 40 min，直至少许硫粉悬浮。趁热减压过滤，除去未反应的硫粉，将无色透明溶液转移至蒸发皿，在蒸气浴上蒸发浓缩，至溶液呈微黄色浑浊或蒸发至原溶液体积的 1/3，停止加热并充分冷却，缓慢析出晶体。

注意：浓缩结晶时，切忌蒸出较多溶剂，以免产物因缺水而固化，得不到 $Na_2S_2O_3 \cdot 5H_2O$ 晶体。若蒸发浓缩速度太快，产品易结块；速度太慢，产品不易形成结晶。

硫代硫酸钠易形成过饱和溶液，晶体难以析出，可采用搅拌、摩擦器壁或投入晶种等方法促使结晶析出。

减压过滤，用少量 95%乙醇洗涤晶体。将晶体转移至表面皿上，用滤纸吸干，称量，计算产量。

六、数据记录及处理

室温：______________湿度：____________大气压：_________

亚硫酸钠的质量 m_1 =________g

硫粉的质量 m_2 =________g

硫代硫酸钠的实际产量 m_3 =________g

硫代硫酸钠的理论产量 m_4 =________g

硫代硫酸钠的产率/% = (产品质量/理论产量) × 100% =_____________

产品外观：_______________

计算过程：________________

七、实验习题

(1) 蒸发浓缩硫代硫酸钠溶液终点应如何控制？该步与制备其他无机化合物时的终点控制条件有何不同？原因何在？

(2) 计算 $Na_2S_2O_3 \cdot 5H_2O$ 的产率时，应以哪种原料为准？为什么？要想提高 $Na_2S_2O_3 \cdot 5H_2O$ 的产率与纯度，实验中应注意哪些问题？

八、拓展知识

火山口的采硫人

全球一半左右的硫磺以自然硫的形式存在，主要产自生物化学作用形成和火山岩成因的自然矿床。全球主要产地位于环太平洋火山带，智利、印度尼西亚是最主要产区。

休眠火山喷火口边缘附近易形成硫单质(图 2-13 和图 2-14)，原因是硫蒸气直接升华或硫化物矿床与高温水蒸气作用生成 H_2S，经不完全氧化或与二氧化硫反应生成自然硫。

$$2H_2S + O_2 = 2S\downarrow + 2H_2O$$

$$2H_2S + SO_2 = 3S\downarrow + 2H_2O$$

由于火山口地势险峻，不易到达，并伴有高温与硫磺毒气，采集硫磺的工作是非常艰辛的。

图 2-13　火山口自然凝结的硫磺块

图 2-14　流淌的液态硫磺形成的地层结构

(执笔：苏布道、朱宇萍；审定：覃松)

实验九　粗食盐的提纯

一、实验目的

学习由工业用食盐(俗称粗食盐)制取试剂级氯化钠及其纯度检验方法；巩固溶解、过滤、蒸发、结晶等基本操作。

二、实验原理

1. 粗食盐的杂质来源

粗食盐的杂质来源有生产原料及生产工艺两方面。

盐的原料来源有 4 类：海盐、湖盐、井盐和矿盐，不同原料可能会造成生产工艺的差异，从而导致所含杂质的差异。

粗食盐杂质主要包括：固体不溶性杂质，如泥沙等；可溶性杂质，如钙、镁、钾的氯化物和硫酸盐。

2. 粗食盐杂质的除去方法

1) 固体不溶性杂质的除去

通过固液分离方法除去固体不溶性杂质。

2) 可溶性杂质的除去

(1) 第一种方法(化学方法)。

原则：使用常用的化学试剂；加入的化学试剂不带来新的杂质或易于在后续操作中除去。

a. 硫酸根离子的除去。在粗食盐溶液中加入稍过量的氯化钡溶液，使硫酸根离子以硫酸钡的形式沉淀，然后过滤除去。此步骤由于氯化钡略过量，剩余钡离子成为新引入的杂质，需在后面步骤中除去。

b. 镁离子的除去。加入适量氢氧化钠，使镁离子以氢氧化镁的形式沉淀，然后过滤除去。此步骤新引入杂质氢氧根离子，需在后面步骤中除去。

c. 钙、钡离子的除去。加入适量碳酸钠溶液，使钙、钡离子以碳酸盐的形式沉淀，然后过滤除去。此步骤新引入杂质碳酸根离子，需在后面步骤中除去。

d. 碳酸根离子和氢氧根离子的除去。加入适量盐酸溶液构成酸性环境，在除去氢氧根离子的同时，使碳酸根转变成碳酸，加热使碳酸分解并以二氧化碳气体的形式从溶液中释放。

e. 钾离子的除去。氯化钾与氯化钠的溶解度相差较大，使得少量氯化钾在蒸发浓缩之后仍然留在母液中，而大量氯化钠此时已结晶析出，趁热过滤可除掉少量氯化钾。

(2) 第二种方法。

在利用前面方法除去泥沙等不溶物及钙、镁离子后，利用氯化钠难溶于盐酸的特性，在饱和食盐溶液中通入氯化氢气体，随着溶液中氯离子浓度增大，氯化钠晶体逐渐析出，减压过滤得到氯化钠晶体。

(3) 不同方法的比较。

第一种方法步骤较多，不涉及制备、通入氯化氢气体，使用的实验药品较少，相对更简便和安全。

第二种方法步骤较少，但制备、通入氯化氢气体相对更加烦琐。使用的实验药品较多，且涉及强氧化剂的使用。通入氯化氢时，溢出的氯化氢气体涉及回收问题，如果在通风橱内完成此操作，排空的氯化氢会污染环境。如果实验出现失误，也可能导致氯化氢气体的泄漏，污染环境，伤害实验人员。

(4) 本实验选择的方法。本实验选择第一种方法提纯粗食盐。

3. 产品检验

对硫酸根离子、钙离子和镁离子进行定性检验。

三、实验指导

1. 课前预习

(1) 本实验涉及溶解、减压过滤、蒸发浓缩和结晶等基本操作。

(2) 用化学沉淀法除去杂质的基本思路：①分析混合物的组成；②根据待提纯物和杂质的化学性质选择合适的沉淀剂；③合理安排沉淀剂的加入顺序和实验步骤，使实验流程更加优化；④考虑如何除去过量的沉淀剂。

(3) 设计和实施实验方案时应注意：①沉淀剂不与待纯化物质反应；②沉淀剂与杂质的反应尽可能完全，即尽量不选与杂质生成微溶物的沉淀剂，如CO_3^{2-}均可使Mg^{2+}(Fe^{3+})和Ca^{2+}生成沉淀，但考虑到$MgCO_3$为微溶物，因此应选用氢氧化钠作为沉淀剂除去Mg^{2+}；③选择的沉淀剂最好一种能沉淀多种杂质；④对纯化效果进行检验，检验加入的沉淀剂是否完全除去。

2. 课前思考

(1) 写出实验原理中除去各种杂质的化学反应方程式。

(2) 为减少操作步骤和节约时间，除杂各步骤中哪些可以合并？

(3) 钙、镁、钾、硫酸根等离子生成沉淀的反应很多，能否设计一种新的方法除去粗食盐中的这些杂质离子？

3. 注意事项

(1) 杂质离子未除尽会引起产品纯度降低。

(2) 过滤可以只进行一次，不必每沉淀一次过滤一次；在滴加试剂之前不必先过滤除去不溶性杂质，但过滤应在加酸之前进行，否则会使生成的沉淀溶解。

(3) 转移样品时，用少量水冲洗玻璃棒和烧杯。

(4) 加热之前，先加盐酸使溶液的 pH＜7，不能使用其他酸。

(5) 浓缩时避免母液飞溅；不可以将溶液蒸干。

四、仪器和试剂

仪器：烧杯、量筒、布氏漏斗、抽滤瓶、真空泵、三脚架、石棉网、台秤、表面皿、蒸发皿、酒精灯、试管、离心机。

试剂：粗食盐、氯化钠(分析纯或化学纯)、氯化钡(1 mol/L)、碳酸钠(1 mol/L)、氢氧化钠(2 mol/L、6 mol/L)、盐酸(2 mol/L、6 mol/L)、乙酸(2 mol/L)、草酸铵(饱和)、镁试剂 I。

材料：滤纸、pH 试纸。

五、实验步骤

1. 配制溶液

称取 4 g 粗食盐放入 100 mL 烧杯中，加入 25 mL 水，加热、搅拌使其溶解。

2. 除去硫酸根离子

在不断搅拌下，向热溶液中滴加 3～4 mL 1 mol/L 氯化钡溶液，继续加热沸腾数分钟，使硫酸钡晶体颗粒长大易于过滤。

检验硫酸根离子是否沉淀完全：将烧杯从石棉网上取下，待溶液沉降后，沿烧杯壁在上层清液中滴加两三滴氯化钡溶液。如果清液不出现浑浊，表明硫酸根离子已沉淀完全。如果清液出现浑浊，表明硫酸根离子没有沉淀完全，应继续在热溶液中滴加氯化钡溶液，直至硫酸根离子沉淀完全。

注意：若不易观察清液浑浊与否，也可将少量上层清液经离心机离心后再滴加氯化钡溶液，检验硫酸根离子是否除尽。

趁热减压过滤，保留滤液。硫酸钡沉淀及不溶性杂质被除去。

3. 除去镁离子、钙离子和钡离子

将滤液加热至沸，加入 1 mL 2 mol/L 氢氧化钠溶液，再滴加 1 mol/L 碳酸钠溶液(4～5 mL)至沉淀完全。

检验是否沉淀完全。减压过滤，保留滤液。氢氧化镁、碳酸钙和碳酸钡沉淀被除去。

4. 除去碳酸根离子、氢氧根离子

向滤液中滴加 2 mol/L 盐酸，加热，搅拌，赶尽二氧化碳，用 pH 试纸检验溶液呈酸性(pH = 4～5)。碳酸根离子和氢氧根离子被除去。

5. 除去钾离子

将溶液倒入蒸发皿中，小火加热蒸发，浓缩至稠。冷却，减压过滤。保留氯化钠晶体，氯化钾随滤液除去。

注意：蒸发皿的容量是前面粗食盐用量及后续试剂用量的取量标准。

6. 制得产品

将产品移入蒸发皿中，用小火烘干。冷却，称量，计算产率。

注意：烘干过程中应不断用玻璃棒搅动氯化钠晶体，以免晶体内局部暴沸，晶体飞溅。以氯化钠晶体颗粒不结块为烘干的标志。

7. 产品检验

取产品和原料各 1 g，分别溶于 5 mL 蒸馏水中，然后进行下列离子的定性检验。

(1) SO_4^{2-}：各取 1 mL 溶液于试管中，分别加入 2 滴 6 mol/L HCl 溶液和 2 滴 1 mol/L $BaCl_2$ 溶液。比较两溶液中沉淀产生的情况。

(2) Ca^{2+}：各取 1 mL 溶液于试管中，加 2 mol/L HAc 使溶液呈酸性，再分别加入 3～4 滴$(NH_4)_2C_2O_4$饱和溶液，若有白色沉淀产生，表示有 Ca^{2+}存在。比较两溶液中沉淀产生的情况。

(3) Mg^{2+}：各取 1 mL 溶液于试管中，加 5 滴 6 mol/L NaOH 溶液和 2 滴镁试剂 I，若有天蓝色沉淀产生，表示有 Mg^{2+}存在。

注意：镁试剂 I 是对硝基苯偶氮间苯二酚的俗名，在碱性环境下呈红色或红紫色，被氢氧化镁沉淀吸附后呈天蓝色。结构式如下：

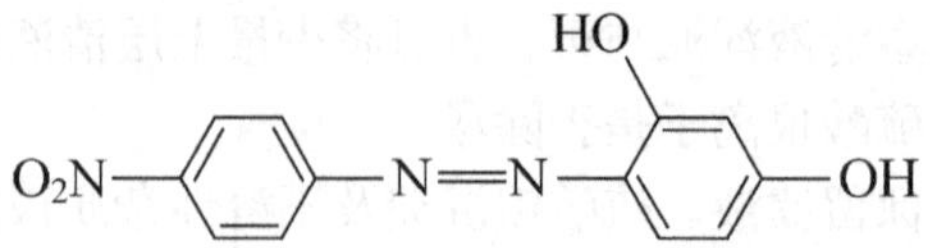

HO

O_2N—⟨苯环⟩—N=N—⟨苯环⟩—OH

六、实验习题

(1) 过量的CO_3^{2-}、OH^-能否用硫酸或硝酸中和？HCl 加多了可否用 KOH 调回？

(2) 如何除去实验过程中所加的过量沉淀剂 $BaCl_2$、NaOH 和 Na_2CO_3?

(3) 提纯后的食盐溶液浓缩时为什么不能蒸干?

(4) 晶体烘干操作有哪些注意事项? 如何判断晶体已经烘干?

七、拓展知识

1. 粗食盐的生产原料和生产工艺

1) 粗食盐的生产原料

(1) 以海水为原料晒制而得的盐为海盐。

(2) 开采现代盐湖矿加工制得的盐为湖盐。湖盐是第四纪以来形成的石盐和卤水矿床，分布在世界干旱的内陆闭流区，分为南、北半球两个盐湖带和赤道盐湖区，以北半球盐湖带为主。一般为固相和液相共存，也有卤水湖和干盐湖。

(3) 运用凿井法汲取地表浅部或地下天然卤水加工制得的盐为井盐。沉积岩形成时，封存在矿物或岩石缝隙和裂缝中的海水、地下含盐泥浆冷却时凝成的卤水或地下溶滤盐类矿物而形成的卤水，可用于制井盐。

(4) 开采古代岩盐矿床加工制得的盐为矿盐。由于岩盐矿床有时与天然卤水盐矿共存，加之开采岩盐矿床钻井水溶法的问世，故又有井盐和矿盐的合称——井矿盐，或泛称为矿盐。矿盐是地壳中的氯化钠固相沉积物，是在封闭或半封闭的沉积盆地中，在有利的地质构造和干旱气候条件下，富含盐分的水体逐渐蒸发、浓缩、沉积而成(图 2-15)。

图 2-15　天然矿盐

玻利维亚的乌尤尼盐沼(Salar de Uyuni)享有“天空之镜”的美誉，如图 2-16 所示。

图 2-16　乌尤尼盐沼

四川省自贡市燊海古盐井(图 2-17)凿于 1835 年，深 1001.42 m，是当时世界上第一口超 1000 m 的深井，主要生产天然气和黑卤物质。

图 2-17　燊海古盐井

2) 粗食盐的生产工艺可能除去或引入的杂质

不同原料可能会导致生产工艺的差异。例如，卤水制盐工艺。地下天然卤水和水溶采矿得到的卤水成分不同，水溶采矿得到的卤水也有含硫酸钙较多和含硫酸钠较多的区别，因此用以制盐的流程也不同。

地下天然卤水制盐流程见图 2-18。

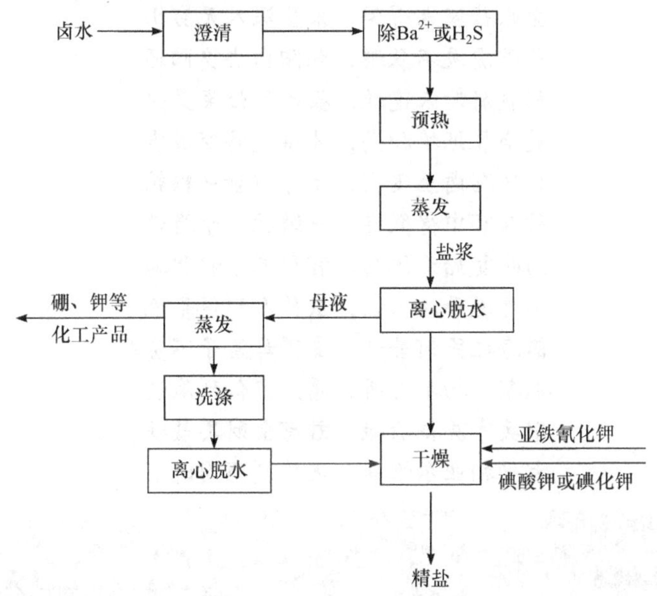

图 2-18　地下天然卤水制盐流程

2. 试剂级氯化钠的国家标准

根据中华人民共和国国家标准(GB/T 1266—2006)，化学试剂氯化钠的技术条件为：氯化钠含量不少于 99.8%；水溶液反应为合格；杂质最高含量见表 2-3。

表 2-3　化学试剂氯化钠的杂质最高含量(质量分数/%)

名称	优级纯	分析纯	化学纯
硫酸盐	0.001	0.002	0.005
镁	0.001	0.002	0.005
钙	0.002	0.005	0.01
钾	0.01	0.02	0.04

3. 柳永和《鬻海歌》

北宋词人柳永于公元 1039 年任浙江定海晓峰盐监。他深入盐民了解其疾苦(图 2-19)，写出不朽之作《鬻海歌》。

《鬻海歌》

宋 · 柳永

鬻海之民何所营，妇无蚕织夫无耕。

衣食之源太寥落，牢盆鬻就汝输征。
年年春夏潮盈浦，潮退刮泥成岛屿。
风干日曝咸味加，始灌潮波塯成卤。
卤浓盐淡未得闲，采樵深入无穷山。
豹踪虎迹不敢避，朝阳出去夕阳还。
船载肩擎未遑歇，投入巨灶炎炎热。
晨烧暮烁堆积高，才得波涛变成雪。
自从潴卤至飞霜，无非假贷充糇粮。
秤入官中得微直，一缗往往十缗偿。
周而复始无休息，官租未了私租逼。
驱妻逐子课工程，虽作人形俱菜色。
鬻海之民何苦辛，安得母富子不贫？
本朝一物不失所，愿广皇仁到海滨。
甲兵净洗征输辍，君有余财罢盐铁。
太平相业尔惟盐，化作夏商周时节。

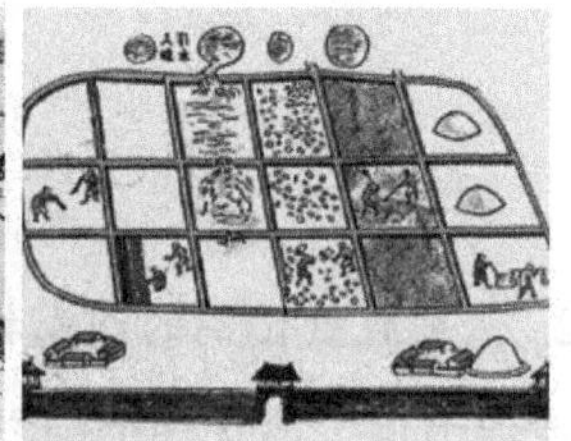

图 2-19　古代海卤煎盐、取卤泥等制盐流程

海南岛儋州峨蔓古盐田(图 2-20)一改“宿沙煮海”的传统煮盐技法，首创利用火山岩槽晒盐的独特工艺，距今已有 1000 多年历史。

图 2-20　海南岛儋州峨蔓古盐田(2020 年)

(执笔：覃松；审定：朱宇萍)

实验十　一种钴(Ⅲ)配合物的制备

一、实验目的

掌握制备钴(Ⅲ)配合物的基本方法，了解其制备原理和对配合物组成的初步实验推断过程；学习使用电导率仪。

二、实验原理

1. 制备方法

实验室中常见的是二价钴盐，如 $CoCl_2$。Co(Ⅲ)配合物一般通过氧化二价钴盐制得。但是实验室制备并不能采用直接氧化的方法，原因是二价钴的还原能力特别弱($\varphi^{\ominus}_{Co^{3+}/Co^{2+}} = 1.84\ V$)，很难找到合适的氧化剂。

实验室制备 Co(Ⅲ)配合物的一般方法是，先把二价钴制成配离子，再选用适当氧化剂把二价钴配离子氧化成三价钴配离子，结晶析出 Co(Ⅲ)配合物。三价钴离子形成配合物的能力远大于二价钴，导致二价钴配离子的还原能力显著增强，因此可以采用常见的氧化剂氧化二价钴配离子。

例如，$\lg K_{[Co(NH_3)_6]^{3+}} = 35.15$，$\lg K_{[Co(NH_3)_6]^{2+}} = 4.28$，则 $\varphi^{\ominus}_{[Co(NH_3)_6]^{3+}/[Co(NH_3)_6]^{2+}} = 0.108\ V$；$\lg K_{[Co(CN)_6]^{3-}} = 64.00$，$\lg K_{[Co(CN)_6]^{4-}} = 19.09$，则 $\varphi^{\ominus}_{[Co(CN)_6]^{3-}/[Co(CN)_6]^{4-}} = -0.83\ V$。

1) 选择配位剂和氧化剂

二价和三价钴离子都具有很强的配合能力，因此配位剂的选择范围很大。本实验采用氨作为配位剂。

考虑反应速率和不引入杂质等因素，本实验在无催化剂的条件下，选择过氧化氢为氧化剂。

2) 总的制备反应

$$Co^{2+} + 6NH_3 = [Co(NH_3)_6]^{2+} \tag{2-1}$$

$$2[Co(NH_3)_6]^{2+} + H_2O_2 + 2H_2O = 2[Co(NH_3)_5H_2O]^{3+} + 2OH^- + 2NH_3 \tag{2-2}$$

$$[Co(NH_3)_5H_2O]^{3+} + Cl^- = [Co(NH_3)_5Cl]^{2+} + H_2O \tag{2-3}$$

为了使第一步反应充分进行，使用浓氨水，同时加入氯化铵。同理，第三步反应中使用浓盐酸，且反应温度不宜过高，以免产物分解，通常控制温度不超过 85℃。

2. 组成分析

如果反应(2-2)进行不理想，则产物可能是$[Co(NH_3)_6]Cl_2$；如果反应(2-3)进行不完全，则产物可能是$[Co(NH_3)_5(H_2O)]Cl_3$，即最终产物可能有以下三种情况：$[Co(NH_3)_5Cl]Cl_2$ (紫红色)、$[Co(NH_3)_5H_2O]Cl_3$ (粉红色)和$[Co(NH_3)_6]Cl_2$ (黄色)。因此，需要对产物组成进行鉴定。鉴定方法包括化学方法和物理方法。

1) 化学方法

用化学方法确定配合物的组成，通常先确定配合物的外界，再将配离子破坏，确定其内界。破坏配离子内界常用的方法有：加热、强酸、煮沸条件下加强碱。

(1) 加热有利于配合物的水解：

$$[Co(NH_3)_5Cl]^{2+} + 5H_2O = Co(OH)_3 + 5NH_4^+ + Cl^- + 2OH^-$$

$$2Co(OH)_3 = Co_2O_3 \cdot 3H_2O$$

(2) 强酸条件下，Co(Ⅲ)配合物发生分解：

$$2[Co(NH_3)_5Cl]^{2+} + 10HNO_3 = 2Co^{2+} + 10NH_4^+ + 10NO_3^- + Cl_2$$

(3) 煮沸条件下加强碱，Co(Ⅲ)配合物发生分解：

$$2[Co(NH_3)_5Cl]^{2+} + 6OH^- = Co_2O_3\downarrow + 10NH_3\uparrow + 3H_2O + 2Cl^-$$

配合物中Cl^-的检验见实验十九。

游离的 Co^{2+}在酸性溶液中可与硫氰化钾作用生成蓝色配合物$[Co(NCS)_4]^{2-}$。该配合物在水中的解离度大，故常加入 KSCN 浓溶液或固体，并加入戊醇和乙醚以提高稳定性。

配合物中钴离子的鉴定反应如下：

$$2[Co(NH_3)_5Cl]^{2+} + Sn^{2+} = 2[Co(NH_3)_5Cl]^+ + Sn^{4+}$$

$$[Co(NH_3)_5Cl]^+ + 4SCN^- = [Co(NCS)_4]^{2-}(\text{蓝色}) + 5NH_3 + Cl^-$$

配合物中氨分子的鉴定反应如下：

$$NH_4^+ + 2[HgI_4]^{2-}(\text{奈氏试剂}) + 4OH^- = [Hg_2ONH_2]I\downarrow(\text{红褐色}) + 7I^- + 3H_2O$$

2) 物理方法

溶液的导电能力与离子电荷及离子迁移速度有关，而离子迁移速度主要受到溶液浓度和离子强度的影响。一般来说，等浓度的同类型离子化合物具有相同的导电能力，也具有相同的电导率。因此，可通过测定电导率确定溶液的离子个数及类型。电导率仪的使用详见第 3 章。

三、实验指导

1. 课前预习

本实验涉及制备金属配合物最常用的方法——水溶液中的取代反应和氧化还原反应，以及产物中离子的定性、定量检测操作。

2. 课前思考

(1) 实验中 NH_4Cl 的作用是什么？将 $CoCl_2$ 加入氯化铵与浓氨水的混合溶液中，可发生什么反应？生成何种配合物？

(2) 实验中加 H_2O_2 起什么作用？如不用 H_2O_2，还可以用哪些物质？这些物质有什么优缺点？制备过程中加入浓盐酸的作用是什么？

(3) 在制备钴(Ⅲ)配合物时，为什么当溶液中停止起泡时才加入盐酸微热？

(4) 在实验过程中“组成的初步推断”检验内、外界氯离子步骤中，依次加入硝酸银、浓硝酸、硝酸银的目的分别是什么？如何检验沉淀是否完全？

(5) 为什么加入 6 mol/L HCl 洗涤产品？

3. 实验关键步骤

(1) Co^{3+}制备过程当中，分数次加入 2.0 g 氯化钴粉末，边加 H_2O_2 边摇荡，以保证反应充分。

(2) 慢慢加入 6 mL 浓盐酸，边加边摇动。

(3) 产品的洗涤过程中，分别用 5 mL 冷水、5 mL 冷 HCl 分数次洗涤。

4. 注意事项

(1) 观察实验过程中的颜色变化、状态、气味等。

(2) 室温下纯净的水电导率极小，此处忽略不计。

(3) 所得产品配制成溶液后，分成两份，一份用化学方法做组成的鉴定，另一份用物理方法做鉴定。

四、仪器和试剂

仪器：烧杯、锥形瓶、量筒、布氏漏斗、抽滤瓶、真空泵、试管、温度计、酒精灯、电导率仪、电子天平、烘箱。

试剂：$NH_3 \cdot H_2O$(浓)、H_2O_2(30%)、HCl(浓、6 mol/L)、HNO_3(浓)、$AgNO_3$(2 mol/L)、$SnCl_2$(0.5 mol/L)、戊醇、乙醚、奈氏试剂、$CoCl_2$(s)、NH_4Cl(s)、KSCN(s)。

材料：pH 试纸、滤纸。

五、实验内容

1. 制备Co(Ⅲ)配合物

在锥形瓶中将1.0 g NH_4Cl溶于6 mL浓$NH_3 \cdot H_2O$中，待完全溶解后，不断振摇，使溶液均匀。分数次加入2.0 g $CoCl_2$粉末，边加边摇动，加完后继续摇动，至溶液呈棕色稀浆。

滴加2～3 mL 30% H_2O_2溶液，边加边摇动，加完后再摇动。当溶液中停止起泡时，慢慢加入6 mL浓HCl，边加边摇动，并在水浴上微热，不能加热至沸(温度不要超过85℃)，边摇边加热10～15 min。然后在室温下冷却并摇动，待完全冷却后过滤沉淀，用5 mL冷水分数次洗涤沉淀，再用5 mL 6 mol/L冷盐酸洗涤，抽干，所得产物在105℃左右烘干并称量。

2. 组成的初步推断

(1) 化学方法。称取0.2～0.3 g产品，用25 mL蒸馏水将其完全溶解，配成溶液Ⅰ，待用。

a. 检验溶液酸碱性：用pH试纸检验溶液的酸碱性。

b. 检验外界氯离子：取5 mL溶液Ⅰ，慢慢滴加2 mol/L $AgNO_3$溶液，振荡，直至沉淀完全，过滤。

检验内界氯离子：向上述滤液中加入1 mL浓HNO_3，振荡，再滴加$AgNO_3$溶液，观察是否有沉淀生成。若有，与前步骤比较沉淀量的多少。

c. 检验钴离子：取2 mL溶液Ⅰ，加几滴$SnCl_2$溶液，振荡，加入绿豆粒大小的KSCN(s)，振荡后加入1 mL戊醇、1 mL乙醚。振荡后观察上层溶液的颜色，检验有无游离的Co^{3+}或Co^{2+}。

d. 检验外界铵根离子：取2 mL溶液Ⅰ，加少量蒸馏水得清亮溶液，加2滴奈氏试剂，观察变化，检验有无游离的NH_4^+。

e. 检验内界铵根离子：取适量溶液Ⅰ，加热至完全变成棕黑色后停止加热，冷却，用pH试纸检验溶液的酸碱性，然后过滤。取澄清液，重复步骤c和d，比较现象和原来有何不同。

用化学方法初步确定该配合物的组成。

(2) 物理方法。按照上述初步确定的组成，将该配合物配制成100 mL 0.01 mol/L溶液，测其电导率，稀释10倍后再测其电导率，并与典型离子型化合物的电导率(表3-2)对比，确定配合物的类型及组成。

(3) 综合化学方法、物理方法的结论，最终确定产物，计算产率。

六、实验现象、数据记录及处理

室温：______________湿度：____________大气压：_________

制备过程中的现象：

产品质量 m_1 =________g

理论产量 m_2 =________g

产率/% = (产品质量/理论产量) × 100% =____________

产品电导率：c = 0.01 mol/L，κ=____________μS/cm

c = 0.001 mol/L，κ=____________μS/cm

实验结果：

产品外观：____________________

产品化学式：____________________

计算过程：____________________

七、实验习题

(1) 通常二价钴盐比三价钴盐稳定得多，为什么生成配合物后恰好相反？

(2) 要使本实验产品产率提高，哪些步骤较为关键？为什么？

八、拓展知识

本实验制备机理的深入探讨

合成钴(Ⅲ)配合物时，常用空气氧化，也可采用其他氧化剂。若反应物为氯化钴(Ⅱ)氨配合物，下列情况下的反应各异。

(1) 无催化剂的情况。

O_2 作氧化剂：

$$4[Co(NH_3)_6]^{2+} + O_2 + 6H_2O = 4[Co(NH_3)_5H_2O]^{3+} + 4OH^- + 4NH_3$$

$$[Co(NH_3)_5H_2O]^{3+} + Cl^- = [Co(NH_3)_5Cl]^{2+} + H_2O$$

H_2O_2 作氧化剂：

$$2[Co(NH_3)_6]^{2+} + H_2O_2 + 2H_2O = 2[Co(NH_3)_5H_2O]^{3+} + 2OH^- + 2NH_3$$

$$[Co(NH_3)_5H_2O]^{3+} + Cl^- = [Co(NH_3)_5Cl]^{2+} + H_2O$$

注意：无催化剂时，氯化钴(Ⅱ)氨配合物常在发生氧化还原反应的同时，配体发生取代，即六配位氨配合物中的氨分子易被其他基团取代，得到的产物主要是$[Co(NH_3)_5Cl]Cl_2$。

(2) 活性炭作催化剂，O_2 或 H_2O_2 作氧化剂。

$$4[Co(NH_3)_6]^{2+} + O_2 + 2H_2O = 4[Co(NH_3)_6]^{3+} + 4OH^-$$

$$2[Co(NH_3)_6]^{2+} + H_2O_2 = 2[Co(NH_3)_6]^{3+} + 2OH^-$$

注意：上述反应是催化制备金属配合物中最著名的多相催化的实例。有催化剂存在时几乎全部生成$[Co(NH_3)_6]Cl_3$。

(3) 可能的反应机理。

金属配合物的氧化是以活化的桥联为中间体，通过成桥基团进行电子传导。

$$2[Co(NH_3)_6]^{2+} + O_2 \longrightarrow [(NH_3)_5Co—O—O—Co(NH_3)_5]^{4+} + 2NH_3 \longrightarrow [Co(NH_3)_5OH]_2^{2+}$$

橙色　　粉红色，中间体

在与氨发生作用时，催化剂活性炭的存在可使中间体与氨平稳地反应：

$$[Co(NH_3)_5OH]_2^{2+} + 2NH_3 \longrightarrow 2[Co(NH_3)_6]^{3+}$$

粉红色　　黄色

在无催化剂的情况下，该过程进行得非常缓慢，只能以如下步骤发生反应：

$$[Co(NH_3)_5OH]_2^{2+} \xrightarrow{HCl} [(NH_3)_5Co—OH_2]^{3+} \xrightarrow{HCl} [Co(NH_3)_5Cl]^{2+}$$

粉红色　　粉红色　　紫色

氧化过程是否使用催化剂，可根据实验要求及实验室具体条件选择。

(执笔：苏布道、朱宇萍；审定：覃松)

第 3 章　无机化学测定实验

无机化学测定实验主要是指测定化学反应中的平衡常数、速率常数、相对原子质量等。本章通过使用基本实验仪器，熟悉操作方法，巩固化学平衡、动力学的理论知识。通过酸度计的使用，测定不同浓度的乙酸溶液的 pH；通过浓度的梯度配制，用秒表测定化学反应时间；通过气量管测定盐酸与金属反应后液体体积的改变，计算金属的相对原子质量；通过分光光度计测定配合物的吸光度。现介绍一些常用的测定仪器的使用方法。

1. 酸度计

酸度计(pH 计)是用来测定溶液酸碱度值的仪器，常用酸度计见图 3-1。

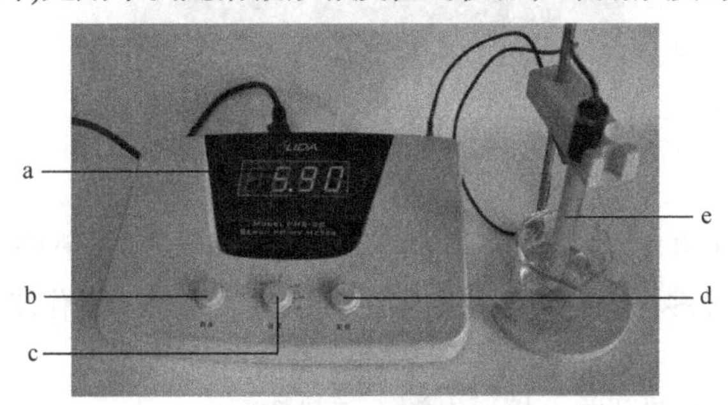

图 3-1　酸度计

a. 数字显示屏；b. “斜率”旋钮；c. “温度”旋钮；d. “定位”旋钮；e. 复合电极

1) 酸度计的工作原理

酸度计测量 pH 的方法是电位测定法。酸度计主要由参比电极(甘汞电极)、指示电极(玻璃电极)和精密电位计三部分组成。测量时用玻璃电极作指示电极，饱和甘汞电极作参比电极，组成电池。现在常用的酸度计是将指示电极和参比电极合为一体，称为复合电极。

2) 使用方法

(1) 清洗。用蒸馏水清洗电极，再用滤纸吸干。

(2) 校正。选择预先配制好的标准缓冲溶液作为校正溶液，采用两点校准法。不同型号的酸度计，其校正方法有所不同，按照仪器说明书的步骤操作。

注意：校正后酸度计上的旋钮不再调整，如果调整则必须重新校正。

(3) 测量。将洗净的复合电极浸入待测溶液中，并轻轻摇动，当显示屏上读数稳定时，记录溶液的 pH。

(4) 清洗。测量完毕后清洗电极，并插入保护液中。

备注：①成套缓冲溶液中：邻苯二甲酸氢钾($KHC_8H_4O_4$)溶液 pH 为 4.00，混合磷酸盐(磷酸二氢钾和磷酸氢二钠混合盐)溶液 pH 为 6.86，硼砂($Na_2B_4O_7 \cdot 10H_2O$)溶液 pH 为 9.18；②测量浓度较大的溶液时，尽量缩短测量时间，用后仔细清洗，防止被测液黏附在电极上而污染电极；③电极不能用于强酸、强碱或其他腐蚀性溶液，严禁在脱水性介质(如无水乙醇、重铬酸钾等)中使用。

2. 电导率仪

电导率是描述物质中电荷流动难易程度的参数，为电阻率 ρ 的倒数。常见电导率仪见图 3-2。

图 3-2　电导率仪

a. 数字显示屏；b. “常数”旋钮；c. “量程”旋钮；d. 电导电极

电导率仪型号多样，现介绍 DDS-11A 型电导率仪的操作步骤，其他型号对照说明书操作。

(1) 开机。按电源开关，接通电源，预热 30 min。

(2) 校准。将量程旋钮指向“校准”。将电导电极用去离子水冲洗并擦干，放入标准 KCl 溶液中，调节“常数”旋钮使仪器显示值与电极上所标数值一致，“常数”校准完毕。

(3) 测量。取出电导电极，用去离子水冲洗并擦干，放入待测液中。将量程开关按表 3-1 中所示旋至合适挡位，待显示屏数值稳定后，显示读数即为测定的电导率值。

表 3-1　电导率仪的挡位选择对应的电导率量程范围

序号	挡位	量程范围/(μS/cm)
1	Ⅰ	0～20.0
2	Ⅱ	20.0～200.0
3	Ⅲ	200.0～2000
4	Ⅳ	2000～20000

(4) 结束。将量程开关旋到“校准”位置，取出电导电极，用去离子水洗净，擦干并放回盒中。关闭电源，拔下插头。

典型离子型化合物的电导率见表 3-2。

表 3-2　典型离子型化合物的电导率

电解质	类型(离子数)	电导率/(μS/cm)	
		0.01 mol/L	0.001 mol/L
KCl	1-1 型(2)	1230	133
$BaCl_2$	1-2 型(3)	2150	250
$K_3[Fe(CN)_6]$	1-3 型(4)	3400	420

3. 分光光度计

分光光度计的基本原理是利用光的吸收、散射、荧光等特性分析物质的结构和性质。根据波长范围可分为紫外分光光度计、可见分光光度计、红外分光光度计和原子吸收分光光度计。分光光度计基本构造主要由光源、单色器、吸收池(比色皿)、检测器和信号显示系统五大部件组成。常用可见分光光度计见图 3-3。

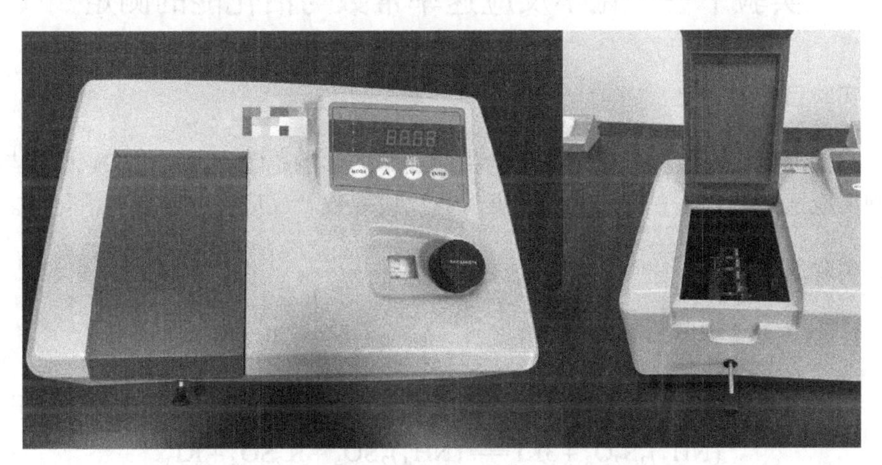

图 3-3　可见分光光度计(左)、样品池(右)

可见分光光度计利用某单色光照射样品的溶液，待测物选择性吸收一定波长的可见光，可以测量其吸光度。样品的吸光度与样品的浓度成正比，从而转化成样品的浓度。

可见分光光度计的使用方法：

(1) 检查各旋钮的起始位置是否正确，接通电源开关。仪器预热 20 min。

(2) 调节波长旋钮，使波长为测定波长。

(3) 打开试样室盖，调节“0”旋钮，使数字显示为“000”，盖上试样室盖，将比色皿架处于蒸馏水校正位置，调节透过率“100%”旋钮，使数字显示为“100.0”。

(4) 吸光度的测量：将被测样品移入光路，显示值即为被测样品的吸光度值。

(5) 测试完毕后应及时清理比色皿，将各旋钮归位后关闭电源。注意：每台仪器所配套的比色皿不能与其他仪器的比色皿单个调换。

根据不同的型号，按照仪器说明书的操作步骤进行测定。

注意：①测定前，比色皿要用被测液荡洗两三次，不能用手触摸比色皿的透光玻璃面；②被测液加至比色皿高度的 4/5 处，若外壁沾有液滴，用滤纸吸干；③连续使用仪器的时间一般不应超过 2 h，最好是间歇半小时后再继续使用；④测定时，应尽量使吸光度为 0.1～0.65，这样可以得到较高的准确度；⑤比色皿用后及时用蒸馏水荡洗干净，倒置晾干后存放在比色皿盒内。

(执笔：朱宇萍；审定：覃松)

实验十一　化学反应速率常数与活化能的测定

一、实验目的

掌握浓度、温度和催化剂对化学反应速率的影响；学习测定过二硫酸铵与碘化钾反应速率的方法；利用实验数据计算反应级数、反应速率常数和活化能。

二、实验原理

1. 测定反应速率常数 k

在水溶液中过二硫酸铵与碘化钾的反应为

$$(NH_4)_2S_2O_8 + 3KI = (NH_4)_2SO_4 + K_2SO_4 + KI_3$$

其离子反应为

$$S_2O_8^{2-} + 3I^- = 2SO_4^{2-} + I_3^- \tag{3-1}$$

反应速率方程为

$$r = kc_{S_2O_8^{2-}}^m c_{I^-}^n$$

式中，r 为瞬时速率；k 为反应速率常数；$c_{S_2O_8^{2-}}$、c_{I^-} 为相应离子浓度；m、n 为

反应级数。

1) r 的表示方法

r 用初速率(r_0)表示，实验中只能测定出在一段时间内反应的平均速率：

$$\overline{r} = \frac{-\Delta c_{S_2O_8^{2-}}}{\Delta t}$$

在此实验中近似地用平均速率代替初速率：

$$r_0 = kc_{S_2O_8^{2-}}^m c_{I^-}^n = \frac{-\Delta c_{S_2O_8^{2-}}}{\Delta t}$$

为了测出在 Δt 时间内 $S_2O_8^{2-}$ 浓度的改变量，需要在混合$(NH_4)_2S_2O_8$和 KI 溶液的同时加入一定体积已知浓度的 $Na_2S_2O_3$ 溶液和淀粉溶液，这样在反应(3-1)进行的同时还进行着另一反应：

$$2S_2O_3^{2-} + I_3^- \mathop{=\!=\!=} S_4O_6^{2-} + 3I^- \tag{3-2}$$

反应(3-2)几乎是瞬间完成，而反应(3-1)比反应(3-2)慢得多。因此，反应(3-1)生成的 I_3^- 立即与 $S_2O_3^{2-}$ 反应，生成无色 $S_4O_6^{2-}$ 和 I^-，从而观察不到碘与淀粉呈现的特征蓝色。当 $S_2O_3^{2-}$ 消耗尽，反应(3-2)不再进行，而反应(3-1)还在进行，则生成的 I_3^- 遇淀粉呈蓝色。

从反应开始到溶液出现蓝色这一段时间 Δt 内，$S_2O_3^{2-}$ 浓度的改变值为

$$\Delta c_{S_2O_3^{2-}} = -[c_{S_2O_3^{2-}(终)} - c_{S_2O_3^{2-}(始)}] = c_{S_2O_3^{2-}(始)}$$

再对比反应(3-1)和反应(3-2)，得

$$\Delta c_{S_2O_8^{2-}} = \frac{c_{S_2O_3^{2-}(始)}}{2}$$

2) k 的测定

通过改变 $S_2O_8^{2-}$ 和 I^-的初始浓度，测定消耗等量的 $S_2O_3^{2-}$ 所需的不同时间间隔，计算出反应物不同初始浓度的初速率和反应级数，最终计算出速率常数 k。

2. 测定活化能

由阿伦尼乌斯方程得

$$\lg k = A - \frac{E_a}{2.30RT}$$

测出不同温度下的 k 值，以 $\lg k$ 对 $\frac{1}{T}$ 作图得直线，斜率为 $-\frac{E_a}{2.30R}$，可求出反应的活化能 E_a。

3. 催化剂改变速率的本质

能显著改变反应速率而本身的化学性质和数量在反应前后基本不变的物质称为催化剂。催化剂有正催化剂(加快反应速率)和负催化剂(减慢反应速率)，一般不特别指出均指正催化剂。催化剂改变反应速率是由于其改变了反应途径，降低了反应的活化能。

三、实验指导

1. 课前预习

(1) 在相同温度下，对同一反应来说，速率常数 k 值不变。因此，在相同温度下测得不同浓度的反应速率，便可算出反应级数 m 和 n。

(2) 测 m 时，令 c_{I^-} 不变，改变 $c_{S_2O_8^{2-}}$，如表 3-3 中实验 1 和实验 3，则

$$\frac{r_1}{r_3}=\frac{k[(c_{S_2O_8^{2-}})_1]^m}{k[(c_{S_2O_8^{2-}})_3]^m}$$

代入实验数据，便可求得 m。测 n 时，则令 $c_{S_2O_8^{2-}}$ 不变，改变 c_{I^-}，方法同求 m。

(3) 对于同一反应，在不同温度 T_1 和 T_2 进行时，其速率常数分别为 k_1 和 k_2。根据阿伦尼乌斯方程，则有

$$\ln\frac{k_1}{k_2}=\frac{E_a(T_1-T_2)}{T_1T_2R}$$

式中，R 为摩尔气体常量，8.314 J/(mol · K)；E_a 为反应的活化能，J/mol。若在不同温度 T_1 和 T_2 进行同一实验，取得 k_1 和 k_2 后，即可由上式求得 E_a。

2. 课前思考

(1) 向 KI、淀粉和 $Na_2S_2O_3$ 混合溶液中加入$(NH_4)_2S_2O_8$ 时，为什么必须越快越好？

(2) 加入$(NH_4)_2S_2O_8$ 时，先计时后搅拌或先搅拌后计时，分别对实验结果有什么影响？

(3) 实验用液体体积表示各反应物用量，为什么加入试剂时不用移液管或滴定管而用量筒？

(4) 当反应溶液出现蓝色时，反应是否终止了？

(5) 为什么要补充 KNO_3 溶液或$(NH_4)_2SO_4$ 溶液？

(6) 若用 I^-(或 I_3^-)的浓度变化表示该反应的速率，则 r 和 k 是否与用 $S_2O_8^{2-}$ 的浓度变化表示的结果一样？

3. 注意事项

(1) 用秒表计时前要练习启动和停止操作，以免计时操作时出现失误。秒表计时操作要迅速、准确。各次计时点(溶液显色程度)的观察要尽量一致。

(2) 实验过程中要不断搅拌溶液直到终点。

(3) 室内温度与反应溶液温度略有差别，故恒温后应测定溶液温度。反应时也要保持混合前的温度。

(4) 取药品量筒不得混用，做好标记。温度计必须分开，不能混用。

(5) 温度对化学反应速率有影响，应先将 KI、$Na_2S_2O_3$、淀粉、KNO_3、$(NH_4)_2SO_4$ 的混合液和$(NH_4)_2S_2O_8$溶液分别加热或降至一定温度后再合并。

(6) 本实验对试剂有一定的要求。碘化钾溶液应为无色透明溶液，不宜使用有碘析出的浅黄色溶液；过二硫酸铵溶液要新配制的，因为时间长了过二硫酸铵易分解。

四、仪器和试剂

仪器：恒温水浴、烧杯、量筒、秒表、温度计。

试剂：$(NH_4)_2S_2O_8$、KI、$(NH_4)_2SO_4$、KNO_3溶液浓度均为 0.2 mol/L；$Na_2S_2O_3$ (0.01 mol/L)、淀粉(0.2%)、$Cu(NO_3)_2$(0.02 mol/L)。

五、实验内容

1. 浓度对化学反应速率的影响

室温下，按表 3-3 各溶液用量用量筒准确量取各试剂，除$(NH_4)_2S_2O_8$外，其他各试剂均可按用量混合在各编号烧杯中，当最后加入$(NH_4)_2S_2O_8$溶液时，立即按下秒表开始计时，并把溶液混合均匀。溶液变蓝时停止计时，记下时间 Δt 和室温。

表 3-3　浓度对反应速率的影响

室温__________℃

实验编号		1	2	3	4	5
试剂用量/mL	0.2 mol/L $(NH_4)_2S_2O_8$	20.0	10.0	5.0	20.0	20.0
	0.2 mol/L KI	20.0	20.0	20.0	10.0	5.0
	0.01 mol/L $Na_2S_2O_3$	8.0	8.0	8.0	8.0	8.0
	0.2%淀粉溶液	2.0	2.0	2.0	2.0	2.0
	0.2 mol/L KNO_3	0	0	0	10.0	15.0
	0.2 mol/L $(NH_4)_2SO_4$	0	10.0	15.0	0	0

续表

实验编号		1	2	3	4	5
混合液中反应物的起始浓度/(mol/L)	$(NH_4)_2S_2O_8$					
	KI					
	$Na_2S_2O_3$					
反应时间 Δt / s						
$S_2O_8^{2-}$ 的浓度变化 $\Delta c_{S_2O_8^{2-}}$ /(mol/L)						
反应速率 r						

2. 温度对化学反应速率的影响

按实验内容 1 称取药品用量，在高于室温 10℃和低于室温 10℃的温度条件下进行实验。其他操作步骤同实验内容 1。将实验数据记录于表 3-4。

表 3-4　温度对反应速率的影响

实验编号	6	7	8
反应温度 t/℃			
反应时间 Δt / s			
反应速率 r			

3. 催化剂对化学反应速率的影响

按实验内容 1 的试剂用量，把 KI、$Na_2S_2O_3$、淀粉、KNO_3、$(NH_4)_2SO_4$ 混合，再加 2 滴 0.02 mol/L $Cu(NO_3)_2$ 溶液后，迅速加入 $(NH_4)_2S_2O_8$ 溶液开始计时。将此反应速率与实验编号 1 的反应速率进行比较。

六、数据处理

(1) 计算反应级数和反应速率常数(表 3-5)。

反应速率公式 $r = kc_{S_2O_8^{2-}}^m c_{I^-}^n$ 两边取对数：

$$\lg r = m\lg c_{S_2O_8^{2-}} + n\lg c_{I^-} + \lg k$$

当 c_{I^-} 不变(实验 1、2、3)时，以 $\lg r$ 对 $\lg c_{S_2O_8^{2-}}$ 作图得直线，斜率为 m。同理，当 $c_{S_2O_8^{2-}}$ 不变(实验 1、4、5)时，以 $\lg r$ 对 $\lg c_{I^-}$ 作图得直线，斜率为 n。将求得的 m、n 代入 $r = kc_{S_2O_8^{2-}}^m c_{I^-}^n$，求出反应速率常数 k。

表 3-5　反应级数和反应速率常数计算

实验编号	1	2	3	4	5
$\lg r$					
$\lg c_{S_2O_8^{2-}}$					
$\lg c_{I^-}$					
m					
n					
反应速率常数 k					

(2) 计算反应活化能(表 3-6)。

$$\lg k = A - \frac{E_a}{2.30RT}$$

测出不同温度下的 k 值，以 $\lg k$ 对 $\frac{1}{T}$ 作图得直线，斜率为 $-\frac{E_a}{2.30R}$，可求出反应的活化能 E_a。

表 3-6　反应速率常数和活化能数据处理

实验编号	6	7	8
反应速率常数 k			
$\lg k$			
$1/T$			
活化能 E_a			

活化能文献值为 51.8 kJ/mol。由活化能 E_a 的文献值，利用阿伦尼乌斯方程在室温下求得 k 的文献值。

七、实验习题

(1) $Na_2S_2O_3$ 的用量过多或过少对实验结果有什么影响?

(2) 反应级数的测定除本实验方法外，还有什么方法?

八、拓展知识

1. 离子强度对反应速率的影响

在化学反应中反应速率与离子的浓度大小有关，离子浓度越大其反应速率越快，而离子强度与离子的浓度存在以下关系：

$$I = \frac{1}{2}\sum c_i Z_i^2$$

式中，I 为溶液的离子强度；c_i 为反应离子的浓度；Z_i 为该离子电荷数。

对于反应：

$$A^{Z_A} + B^{Z_B} \Longrightarrow [AB]^{Z_A Z_B}$$

反应速率常数与离子强度存在以下关系：

$$\lg\frac{k}{k_0} = 2MZ_A Z_B\sqrt{I}$$

式中，M 为在一定温度和一定溶剂下的常数；k 为离子强度改变时的反应速率常数；k_0 为离子强度没发生变化时的反应速率常数。

以上公式表明溶液中离子强度对反应速率的影响：

(1) 若 Z_A 与 Z_B 同号，离子强度增大，则 k 值增大。

(2) 若 Z_A 与 Z_B 异号，离子强度增大，k 值反而减小。

(3) 若 Z_A 或 Z_B 有一个为零(A 或 B 有一个为中性分子)，则 $k = k_0$，离子强度对反应无影响。

本实验的离子反应方程式为

$$S_2O_8^{2-} + 3I^- \Longrightarrow SO_4^{2-} + I_3^-$$

即 Z_A 与 Z_B 同号，离子强度增大，将使 k 值增大，因此在实验过程中要避免离子强度对反应速率的影响，需在溶液中补加与反应相同的离子来维持溶液中总的离子强度不变。本实验中用 KNO_3 和$(NH_4)_2SO_4$分别代替溶液中 KI 和$(NH_4)_2S_2O_8$的量的改变，从而控制溶液总的离子强度不变。

2. Excel 处理数据

Excel 是 Microsoft Office 系统的重要组成，它是介于 Word 文字处理软件与 Access 数据库软件之间的电子表格工具，可用于本实验数据处理。

假定线性方程为 $y = ax + b$，在 Excel 中 A 列输入 x 值，B 列输入 y 值，并选取完成的数据区(图 3-4)，点击“插入”后选择“散点图”中第一个图样。

点击“图表向导”后运行图表向导，见图 3-5。

选择图中任一点按鼠标右键点击“添加趋势线”(图 3-6)，得图 3-7。选择“线性”并选取“显示公式”和“显示 R 平方值”，最后点击“关闭”，完整的标准回归曲线就画好了(图 3-8)。

图3-4　示例1

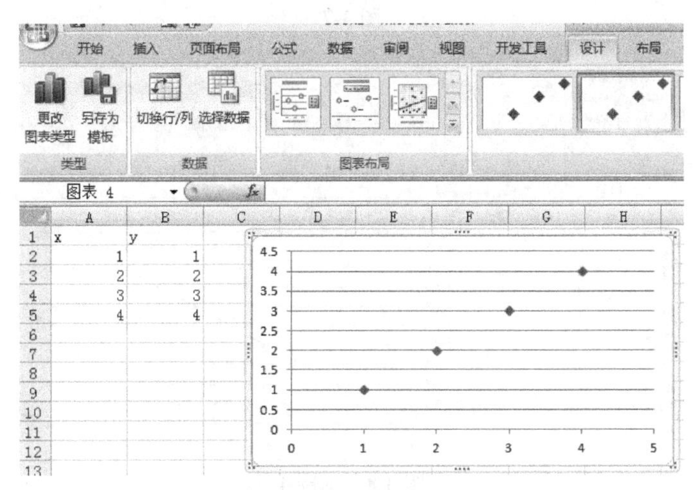

图3-5　示例2

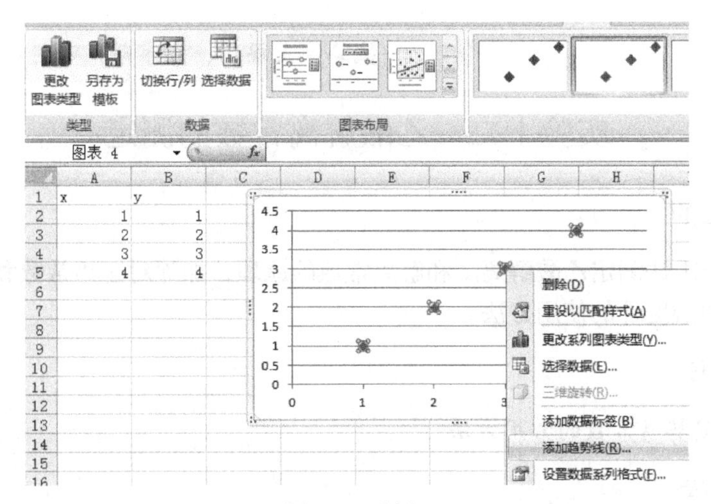

图3-6　示例3

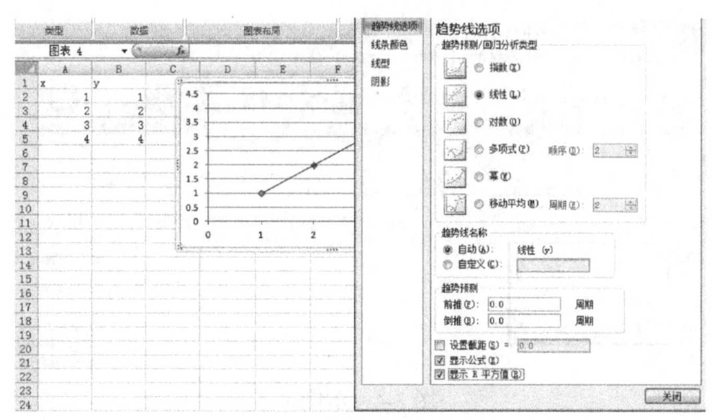

图 3-7

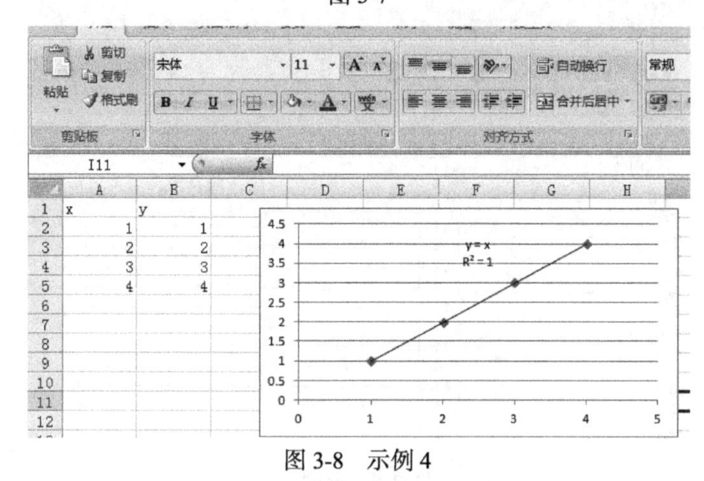

图 3-8　示例 4

(执笔：王福海、朱宇萍；审定：覃松)

实验十二　乙酸解离常数的测定

一、实验目的

了解 pH 法测定乙酸解离度和解离常数的原理，加深对解离常数和解离度的理解；学习酸度计的使用方法。

二、实验原理

1. 测定解离常数的常用方法

1) pH 法

乙酸(CH_3COOH，缩写为 HAc)是一元弱酸，在水溶液中不能完全解离，存在下列解离平衡：

$$\mathrm{HAc(aq)} \rightleftharpoons \mathrm{H^+(aq)} + \mathrm{Ac^-(aq)}$$

开始浓度/(mol/L)　c　0　0

平衡浓度/(mol/L)　$c-[H^+]$　$[H^+]$　$[Ac^-]$　$([H^+]=[Ac^-])$

其解离常数计算式：

$$K_a = \frac{[\mathrm{H^+}][\mathrm{Ac^-}]}{c-[\mathrm{H^+}]} = \frac{[\mathrm{H^+}]^2}{c-[\mathrm{H^+}]}$$

配制不同浓度的乙酸，在一定温度下，用酸度计测定该系列已知浓度的乙酸溶液的 pH，换算出$[H^+]$，代入解离常数计算式中，可求得一系列对应解离常数值，取其平均值，即为该温度下乙酸的解离常数。

2) 缓冲溶液法

在 HAc 和 NaAc 组成的缓冲溶液中，由于同离子效应，当达到解离平衡时，其 pH 的计算公式为

$$\mathrm{pH} = \mathrm{p}K_a(\mathrm{HAc}) - \lg\frac{c_{\mathrm{HAc}}}{c_{\mathrm{Ac^-}}} = \mathrm{p}K_a(\mathrm{HAc}) - \lg\frac{c_{0,\mathrm{HAc}}}{c_{0,\mathrm{Ac^-}}}$$

对于相同浓度 HAc 和 NaAc 组成的缓冲溶液，则有

$$\mathrm{pH} = \mathrm{p}K_a(\mathrm{HAc})$$

因此，要测定乙酸的解离常数，只需配制相同浓度 HAc 和 NaAc 组成的缓冲溶液即可。

3) 电导率法

$$\mathrm{HAc(aq)} \rightleftharpoons \mathrm{H^+(aq)} + \mathrm{Ac^-(aq)}$$

开始浓度/(mol/L)　c　0　0

平衡浓度/(mol/L)　$c-c\alpha$　$c\alpha$　$c\alpha$

其解离常数计算式：

$$K_a = \frac{c^2\alpha^2}{c-c\alpha} = \frac{c\alpha^2}{1-\alpha}$$

α 为解离度，即

$$\alpha = \frac{[\mathrm{H^+}]}{c_{\mathrm{HAc}}}$$

利用解离度与溶液的摩尔电导率和极限摩尔电导率的关系求溶液的解离度，再求解离平衡常数。

本实验采用pH法。

2. 解离常数与温度的关系

标准平衡常数与标准摩尔吉布斯自由能的关系为

$$\Delta_r G_m^{\ominus}(T) = -RT\ln K_a^{\ominus}$$

式中，标准摩尔吉布斯自由能$\Delta_r G_m^{\ominus}(T)$仅是温度的函数，因此$K_a^{\ominus}$也只是温度的函数。对同一反应，$K_a^{\ominus}$只与温度有关，温度一定，其值就一定。

三、实验指导

1. 课前预习

本实验涉及弱酸的解离平衡知识，实验操作涉及溶液的配制、酸度计的使用。

2. 课前思考

(1) 测定溶液pH时，为什么要按浓度由小到大的顺序？
(2) 改变乙酸溶液的浓度，其解离度和解离常数有无变化？
(3) 若乙酸溶液浓度很低，能否应用近似公式$K_a = \frac{[H^+][Ac^-]}{c-[H^+]} = \frac{[H^+]^2}{c-[H^+]}$求解离常数？为什么？

3. 注意事项

(1) 实验过程中，待测乙酸溶液的温度应保持在恒定的状态，以保证实验结果的精确度。
(2) 配制溶液时，小烧杯要洁净、干燥，或用相应浓度的乙酸溶液润洗。
(3) 酸度计校正后，酸度计的斜率和定位旋钮不再调整，如果调整则必须重新校正。

四、仪器和试剂

仪器：酸度计、烧杯(25 mL)、容量瓶(50 mL)、吸量管(5 mL、10 mL)、移液管(25 mL)。

试剂：HAc标准溶液(0.2 mol/L)。

五、实验内容

1. 配制不同浓度的HAc溶液

用移液管或吸量管分别移取5.00 mL、10.00 mL、25.00 mL已标定浓度的HAc

溶液于三个 50 mL 容量瓶中，用蒸馏水稀释至刻度，摇匀。连同未稀释的 HAc 溶液可得四种不同浓度的溶液，由稀到浓依次编号为 1、2、3、4。

2. HAc 溶液的 pH 测定

用四个干燥的 25 mL 烧杯分别盛入上述四种浓度的溶液，按由稀到浓的顺序在酸度计上测定其 pH，并记录每份溶液的 pH 及测定时的室温。

六、数据记录及处理

将实验数据及处理结果填入表 3-7 中。

表 3-7　数据记录及处理

溶液 t=_____℃

编号	1	2	3	4
HAc 体积/mL	5.00	10.00	25.00	50.00
HAc 浓度/(mol/L)				
pH				
$[H^+]$/(mol/L)				
α				
K_a				

(1) 计算 K_a 的平均值，并求算相对误差。

$K_a = 1.75\times10^{-5}$(文献值，25℃)　　K_a (测定值)= ______________

$$相对误差 = \frac{测定值 - 文献值}{文献值}\times100\% = \_\_\_\_\_\_\_\_\_\_\_\_$$

(2) 写出一组数据的全部运算过程。

七、实验习题

(1) 已知 $\Delta_r H_m^{\ominus} = -484.5$ kJ/mol，若改变所测乙酸溶液的温度，则解离度和标准解离常数有无变化？

(2) 实验所测四种乙酸溶液的解离度各为多少？由此可以得出什么结论？(根据实验结果总结乙酸解离度、解离常数与其浓度的关系)

(3) 下列情况对 α 有什么影响？

a. 所测乙酸溶液的浓度极低。

b. 在乙酸溶液中加入一定量的乙酸钠。

c. 在乙酸溶液中加入一定量的氯化钠。

(4) 分析实验误差来源。

八、拓展知识

关于醋的传说及趣闻

1. 食用醋的历史文化

山西老陈醋、江苏镇江香醋、福建永春老醋与四川阆中保宁醋并列为清代流传至今的“四大名醋”。山西老陈醋产于清徐县，为我国四大名醋之首。老陈醋色泽黑紫，绵、酸、甜、醇，回味悠长。镇江香醋以“酸而不涩，香而微甜，色浓味鲜，愈存愈醇”等特色而闻名。福建永春老醋源于历史上著名的福建红曲米醋。保宁醋已有近 400 年历史。

1) 山西醋

山西人善酿醋、爱吃醋，素有“老醯儿”之称。古时把醋叫“醯”，把酿醋的人叫“醯人”，把酿醋的醴叫“老醯”。在汉朝史游所撰的《急就篇》中就有“芜荑盐豉醯酢酱”的说法，其中“醯”和“酢”指的都是醋。因此，吃醋不叫吃醋，而叫“吃醯”。由于山西人对酿醋技术的特殊贡献，再加上山西人嗜醋如命，又巧合了“醯”和山西的“西”字同音，所以外省人就尊称山西人为“山西老醯”了。山西人和醋有着深厚的感情，山西做醋的历史大约有 4000 年之久。

清徐是山西老陈醋的发源地，也是中华食醋的发祥地，其酿醋历史距今已有 4000 多年了。相传，帝尧定都尧(今清徐县尧城村)后，采摘瑞草“蓂荚”以酿苦酒。这里所说的苦酒就是人类最早的酸性调味品——醋。汉唐时期，并州晋阳一带的制醯作坊日益兴盛，从民间到官府，制醯食醯成了人们生活的一大嗜好。

明清时期，山西酿醋技艺日臻精湛，并随晋人迁徙和晋商的足迹将山西的制醯技术和食醋习俗带到了长城内外、大江南北，是山西名扬四海的重要媒体。

悠悠岁月，沧桑巨变，山西老陈醋历经风雨数千年，其味更浓，其名更盛。

2) 镇江醋

镇江的醋享誉海外。镇江恒顺香醋是人民大会堂国宴用醋。镇江恒顺香醋酿制技艺已被列入首批国家级非物质文化遗产名录，这也是江苏省食品制造业中唯一入选的传统手工技艺。镇江香醋具有“色、香、酸、醇、浓”的特点，存放时间越久，口味越香醇。这是因为它具有得天独厚的地理环境与独特的精湛工艺。镇江香醋以优质糯米为主要原料，采用优良的酸醋菌种，经过固体分层发酵及酿酒、制醅、淋醋三大过程和 40 多道工序，历时 70 多天精制而成，再经 6～12 天储存期，最后才出厂。

相传，醋是酒圣杜康的儿子黑塔发明的。就在杜康发明了酿酒术的那一年，他举家来到镇江，在城外开了个前店后作的小酒坊，酿酒卖酒。儿子黑塔帮助父亲酿酒，在作坊里提水、搬缸，什么都干，同时还养了匹黑马。

一天，黑塔做完了活计，给缸内酒糟加了几桶水，兴致勃勃地搬起酒坛子一口气喝了好几斤米酒，米酒后劲不小，没多久黑塔就醉醺醺地回马房睡觉了。突然，耳边响起了一声震雷，黑塔迷迷糊糊睁开眼睛，看见房内站着一位白发老翁，正笑眯眯地指着大缸对他说："黑塔，你酿的调味琼浆已经二十一天了，今日酉时就可以品尝了。"黑塔正欲再问，谁知老翁已不见。他大声喊着："仙翁，仙翁！"惊醒了，原来刚才是自己梦中所见，梦中所闻。

黑塔回想刚才梦中发生的事情，觉得十分奇怪，这大缸中装的不过是喂马用的酒糟再加了几桶水，怎么会是调味的琼浆？黑塔将信将疑，正觉唇干舌燥，就喝了一碗。谁知一喝，只觉得满嘴香喷喷，酸溜溜，甜滋滋，顿觉神清气爽，浑身舒坦。

黑塔大步走进父亲房中，将刚才梦中所见、口中所尝告诉了父亲。杜康听了也觉得神奇，便跟黑塔一起来到马房，一看大缸里的水是与往日不同，黝黑、透明。杜康用手指蘸了蘸，送进口中尝了尝，果然香酸微甜。

杜康又细问了黑塔一遍，对老翁讲的"二十一天"、"酉时"琢磨许久，还边用手比画着，突然拽住黑塔在地上用手指写了起来："二十一日酉时，这加起来就是个'醋'字，兴许这琼浆就是'醋'吧！"

2. 为什么人们习惯称感情上的嫉妒叫吃醋

男女相恋时有第三者介入，往往发生争风吃醋现象。此说法源于一段历史轶事。

唐太宗李世民赐给房玄龄几名美女做妾，房不敢受。李世民料到房夫人是个悍妇，不肯答应，于是派太监持一壶"毒酒"传旨房夫人，如不接受这几名美妾，即赐饮"毒酒"。房夫人面无惧色，接过"毒酒"一饮而尽，结果并未丧命。原来壶中装的是醋，皇帝以此来考验她，开了一个玩笑。于是"吃醋"的故事传为千古趣谈。

图 3-9　房玄龄

房玄龄(579—648)，名乔，字玄龄。唐代齐州临淄(今山东省淄博市)人，唐初名相(图 3-9)。

(执笔：王福海、朱宇萍；审定：覃松)

实验十三　金属相对原子质量的测定

一、实验目的

学会用置换法测定金属(实验以镁为例)的相对原子质量；掌握理想气体状态方程和气体分压定律的应用；掌握测量气体体积的基本操作及气压表的使用技术；了解实验原理的其他应用及微型化处理。

二、实验原理

$$Mg + H_2SO_4(稀) = MgSO_4 + H_2\uparrow$$

定量关系

$$n_{Mg} = n_{H_2} \tag{3-3}$$

其中

$$n_{Mg} = \frac{m_{Mg}}{M_{Mg}} \tag{3-4}$$

考虑实验中的气体为理想气体，$p_{H_2}V_{H_2} = n_{H_2}RT$，则

$$n_{H_2} = \frac{p_{H_2}V_{H_2}}{RT} \tag{3-5}$$

式中,T为实验时热力学温度；p_{H_2} 为氢气的分压；V_{H_2} 为置换反应生成氢气的体积；R 为摩尔气体常量[8.314J/(mol · K)]。

将式(3-3)、式(3-5)代入式(3-4)，得

$$M_{Mg} = \frac{RTm_{Mg}}{p_{H_2}V_{H_2}} \tag{3-6}$$

p_{H_2} 的测定：反应管内的压力与外界压力(p)相等，而反应管内气体包括反应生成的氢气及水的饱和蒸气。由分压定律，反应管内气体的压力是氢气的分压(p_{H_2})与水的饱和蒸气压(p_{H_2O})的加和，并等于外界大气压(p)，即

$$p = p_{H_2} + p_{H_2O}$$

$$p_{H_2} = p - p_{H_2O} \tag{3-7}$$

将式(3-7)代入式(3-6)

$$M_{Mg} = \frac{RTm_{Mg}}{(p - p_{H_2O})V_{H_2}} \tag{3-8}$$

若V_{H_2}的单位为mL，则

$$M_{Mg}=\frac{RTm_{Mg}}{(p-p_{H_2O})V_{H_2}}\times 10^3 \tag{3-9}$$

实验测定 T、m_{Mg}、V_{H_2}、p、p_{H_2O}(查表)，由式(3-8)或式(3-9)求得镁的相对原子质量。

三、实验指导

1. 课前预习

本实验涉及气压计的读数、实验装置的搭建、装置气密性的检查等基本操作。

2. 课前思考

(1) 实验中检查漏气的原理是什么？如果装置漏气，对实验结果有何影响？
(2) 如何做到反应管内压力与外界压力相等？
(3) 完成本实验需要注意哪些方面？

3. 注意事项

(1) 防止试管因旋塞不紧而跌落。
(2) 排除气泡、准确读数是保证实验结果准确的重要因素。
(3) 反应过程中应保持漏斗液面与量气管液面相平。
(4) 规范记录实验测得的各项数据。

四、仪器和试剂

仪器：电子天平(万分之一)、量气管(或碱式滴定管，50 mL)、漏斗、乳胶管、试管、铁架台、滴定管架、橡皮塞、量筒(10 mL)、气压计(公用)。

试剂：镁条、H_2SO_4(2 mol/L)。

五、实验内容

(1) 用电子天平准确称取两份已擦去表面氧化膜的镁条，每份 0.0280～0.0320 g (称至 0.0001 g)。

(2) 按图 3-10 装配好仪器装置。

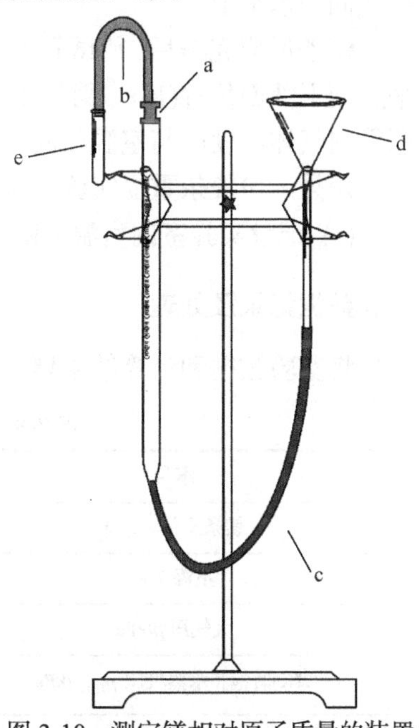

图 3-10　测定镁相对原子质量的装置

实验装置的参考安装顺序：①碱式滴定管上部连接乳胶管(图 3-10a)；②碱式滴定管上部乳胶管连接玻璃管和橡皮塞(图 3-10b)；③碱式滴定管下部连接乳胶管(图 3-10c)；④碱式滴定管下部乳胶管连接漏斗(图 3-10d)并通过漏斗加水，使碱式滴定管液面接近 0 刻度线(抖动乳胶管或上下移动漏斗以赶尽乳胶管和滴定管内可能附着的气泡)；⑤连接试管(图 3-10e)。

(3) 检查装置是否漏气。将漏斗下移一段距离，并固定在一定位置上。如果碱式滴定管中的液面只在开始时稍有下降，以后即维持恒定(需经过 3 min 以上时间观察)，表明装置不漏气。如果液面继续下降，则说明装置漏气。此时需要检查各接口处是否严密。经过检查并改装之后，再重复试验，直至确保不漏气为止。

(4) 镁与硫酸作用前的准备。取下试管，将 2 mL H_2SO_4(2 mol/L)沿着试管内壁的一边加入试管中，将镁条用水稍微湿润一下，贴放在试管上部没有沾上酸液的另一边内壁上(切勿使镁条触及酸液)。固定试管，塞紧橡皮塞。再按步骤(3)检查一次装置是否漏气。若不漏气，将漏斗移至碱式滴定管的右侧，使漏斗的液面和碱式滴定管的液面保持同一水平，记下量气管中液面的位置(V_1)。

(5) 氢气的发生、收集和体积的量度。倾斜试管使酸液与镁条接触，轻摇试管，镁条落入硫酸溶液中，镁条和硫酸反应放出氢气。此时反应产生的氢气进入碱式滴定管中，将管中水压入漏斗内。为使碱式滴定管内气压不至于过大而造成漏气，在管内液面下降的同时，漏斗可相应地向下移动，使管内液面和漏斗中液面大体保持在同一水平上。

镁条反应完毕后，待试管冷至室温。使漏斗与碱式滴定管的液面处于同一水平，记下液面位置(V_2)。稍等 1～2 min，再记录液面位置，如两次读数一致，表明管内气体温度已与室温相同。

用另一份镁条重复实验一次。

(6) 记录实验室的室温 t 和大气压 p，查出室温下水的饱和蒸气压 p_{H_2O}。

六、数据记录及处理

将实验数据和计算结果填入表 3-8 中。

表 3-8　实验数据记录和计算结果

编号	Ⅰ	Ⅱ
镁条质量 m_{Mg}/g		
室温 T/K		
大气压 p/kPa		
T(K)时饱和水蒸气压 p_{H_2O} /kPa		
反应前量气管液面读数 V_1/mL		

续表

编号	Ⅰ	Ⅱ
反应后量气管液面读数 V_2/mL		
氢气的体积 V_{H_2} /mL		
镁相对原子质量实测值 $M_{实}$		
镁相对原子质量平均值 $M_{平}$		
镁相对原子质量的理论值 $M_{理论}$	24.31	
测量的相对误差/%		

七、实验习题

(1) 本实验中水的作用是什么？读取液面位置时，为什么要使碱式滴定管和漏斗中的液面保持在同一水平面上？

(2) 讨论下列情况对实验结果有什么影响：

a. 量气管内有气泡。

b. 金属表面氧化物未除尽。

c. 装酸时，镁条接触到酸。

d. 反应过程中，从量气管压入漏斗中的水过多，造成水从漏斗中溢出。

e. 反应后，试管未冷却就记录量气管中的液面刻度。

(3) 本实验除了能够测定金属相对原子质量外，还能够测定哪些物理量？

八、拓展知识

1. 本实验的微型化研究

实验装置见图 3-10。仪器：小试管、量气管(2 mL)、漏斗、乳胶管。试剂量：镁条质量约为 0.0030 g，H_2SO_4(2 mol/L)的用量为 1 mL。

2. 优化条件

关于使用镁、铝、锌以及稀硫酸、稀盐酸的适用范围，由实验可得：

使用镁条和稀酸(1～2 mol/L H_2SO_4，2～4 mol/L HCl)，效果最佳。

使用铝片时，不宜用稀 H_2SO_4，需用 6 mol/L HCl，效果尚可。

使用锌片时，用稀 H_2SO_4 或稀 HCl，实验效果都不理想。

(执笔：覃松、朱宇萍；审定：苏布道)

实验十四　配合物的组成及其稳定常数的测定

一、实验目的

初步了解分光光度法测定配合物的组成及其稳定常数的原理和方法；学习使用分光光度计；巩固溶液配制和作图法处理数据的实验技能。

二、实验原理

过渡金属配合物大多有颜色的原因是过渡金属的电子发生了 d-d 跃迁，电子选择性吸收可见光区内一定波长的光而显现互补色。朗伯-比尔定律表明：当一束波长一定的单色光通过有色溶液时，一部分光被溶液吸收，一部分光透过溶液。有色溶液对光的吸光度(A)与溶液的浓度 c、液层厚度 b 的乘积成正比：

$$A = kcb$$

式中，k 为摩尔吸光系数，单位 L/(mol · cm)，其数值与入射光波长、溶液的性质及温度有关，而与浓度无关。

等摩尔系列法是用一定波长的单色光，测定一系列组分变化(中心离子 M 和配体 L 的总物质的量保持不变，而 M 和 L 的摩尔分数连续变化)的溶液的吸光度 A。在这一系列溶液中，部分溶液中心离子 M 是过量的，部分溶液中配体 L 是过量的，这两种溶液中配离子的浓度都不可能达到最大值。只有当溶液中心离子 M 与配体 L 的物质的量之比与配离子的组成一致时，配离子的浓度才最大。由于中心离子和配体基本无色，只有配离子有色，配离子的浓度越大，溶液颜色越深，其吸光度也就越大。若以不同的摩尔比 $\frac{c_M}{c_M + c_L}$ 对相应的吸光度 A 作图，得吸光度-摩尔比曲线。曲线上与吸光度极大值(图 3-11 中的 D 点)相对应的摩尔比就是该有色配合物中中心离子与配体的组成之比。

若将图 3-11 中的两边直线部分延长相交于 B 点，B 点对应的 M 的摩尔比为 0.5，此时金属离子与配体的物质的量之比为 1∶1。当完全以 ML 形式存在时，B 点 ML_n 的浓度最大，对应的吸光度为 A_1，由于配离子有部分解离，实验测得的最大吸光度为 D 点对应的 A_2。

从曲线上吸光度的极大值，能求出配合物的配位数 n。为了方便配制溶液，通常取相同物质的量浓度的中心离子 M 和配体 L 溶液，在维持总体积不变的条件下，按不同的体积比配成一系列混合溶液，则它们的体积比也就是摩尔比。设 x_V 为 $A_{极大}$ 时吸取 L 溶液的体积分数，即

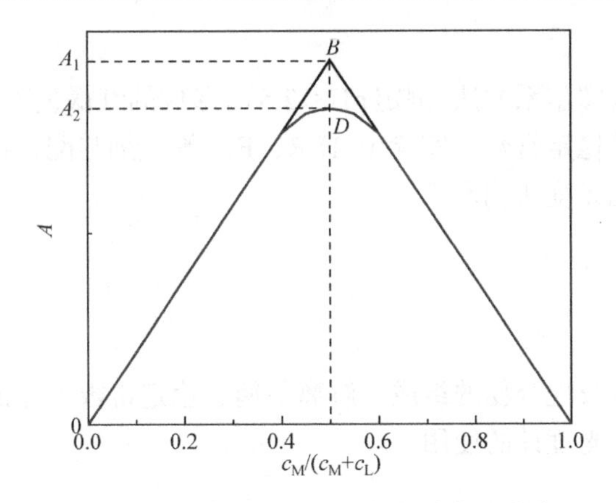

图 3-11 配合物 ML 的吸光度-摩尔比曲线

$$x_V = \frac{V_L}{V_L + V_M}$$

M 溶液的体积分数为 $1-x_V$，则配位数：

$$n = \frac{c_L}{c_M} = \frac{x_V}{1-x_V}$$

当金属离子 M 和配体 L 实际存在一定程度的吸收时，观察到的吸光度 A 并不是完全由配合物 ML_n 的吸收所引起，此时需要加以校正，在此不做过多介绍。

设配合物的解离度为 α，则

$$\alpha = \frac{A_1 - A_2}{A_1} \tag{3-10}$$

对于 1 : 1 组成配合物，根据下列关系式可导出稳定常数 $K_{稳}$。

当达到配位平衡时：

$$M \quad + \quad L \quad = \quad ML$$

平衡浓度 $\quad c\alpha \quad c\alpha \quad c-c\alpha$

$$K_{稳} = \frac{1-\alpha}{c\alpha^2} \tag{3-11}$$

式中，c 为相应于 B 点的中心离子浓度。由实验测得的 A，利用式(3-10)求出 α，再由式(3-11)算出 $K_{稳}$。

磺基水杨酸(COOH OH HO_3S ，简写为 H_3R)与 Fe^{3+} 可以形成稳定的配合物，其组成和颜色随溶液 pH 的不同而改变。pH 2～3 时，为红褐色配合物；pH 4～9 时，生成红色配合物；pH 9～11 时，生成黄色配合物，即有三种不同颜色、不同

组成的配离子。

本实验采用等摩尔系列法，测定pH<2.5时形成的红褐色磺基水杨酸合铁(Ⅲ)配离子的组成及其稳定常数。实验中 H_3R、Fe^{3+}等试剂与配合物的吸收光谱不重合，因此可用分光光度法测定。

三、实验指导

1. 课前预习

本实验理论涉及配合物的组成、解离平衡、稳定常数等知识；实验操作涉及溶液的配制、分光光度计的使用。

2. 课前思考

(1) 使用分光光度计时应注意哪些干扰因素?

(2) 用等摩尔系列法测定配合物组成时，为什么说溶液中金属离子的物质的量与配体的物质的量之比正好与配离子组成相同时，配离子的浓度为最大?

(3) 相同物质的量浓度的金属离子 M 和配体 L 溶液，在维持总体积不变的条件下，按不同的体积比配成一系列混合溶液，它们的体积比是否等于摩尔比?

(4) 为什么需控制溶液的 pH?

3. 注意事项

(1) 分光光度计连续使用不应超过 2 h。若使用时间较长，则中途需休息半小时再使用。

(2) 比色皿使用完毕后，应用蒸馏水洗净，倒置晾干。在使用中应防止比色皿的透光面受损、产生斑痕，影响它的透光率。

(3) $NH_4Fe(SO_4)_2$溶液易水解，在配制溶液时，需加1～2滴浓硫酸以防水解。

四、仪器和试剂

仪器：分光光度计、移液管、容量瓶。

试剂：$HClO_4$(0.01 mol/L)、$NH_4Fe(SO_4)_2$(0.0100 mol/L，用 0.01 mol/L $HClO_4$ 溶液配制)、磺基水杨酸(0.0100 mol/L)、H_2SO_4(浓)、NaOH(6 mol/L)。

材料：广范 pH 试纸。

五、实验内容

1. 配制溶液

(1) 0.00100 mol/L Fe^{3+}溶液。用移液管准确吸取 10 mL 0.0100 mol/L $NH_4Fe(SO_4)_2$

溶液移入 100 mL 容量瓶中，用 $HClO_4$ 溶液(0.01 mol/L)稀释至该度，摇匀，备用。调节溶液酸度，使其 pH＜2.5，稀释至刻度。

(2) 同法配制 0.00100 mol/L 磺基水杨酸溶液。

(3) 系列溶液的配制。

按表 3-9 所示体积数，用移液管量取各溶液，用 $HClO_4$ 溶液(0.01 mol/L)定容到 50 mL，配制 11 个待测溶液样品。

表 3-9　磺基水杨酸合铁(Ⅲ)配合物的组成及吸光度的测定

溶液编号	1	2	3	4	5	6	7	8	9	10	11
$NH_4Fe(SO_4)_2$ 溶液/mL	0	1.00	2.00	3.00	4.00	5.00	6.00	7.00	8.00	9.00	10.00
磺基水杨酸溶液/mL	10.00	9.00	8.00	7.00	6.00	5.00	4.00	3.00	2.00	1.00	0
摩尔比	0	0.1	0.2	0.3	0.4	0.5	0.6	0.7	0.8	0.9	1.0
吸光度 A											

2. 测定系列配合物溶液的吸光度

(1) 用波长扫描方式对其中的 6 号溶液进行扫描，得到吸收曲线，确定最大吸收波长。

(2) 选取(1)所确定的吸收波长，在该波长下用可见分光光度计(波长为 500 nm 的光源)、$b = 1$ cm 的比色皿，以 $HClO_4$ 溶液为空白，测定表 3-9 中系列溶液的吸光度，将数据填入表中。

六、数据记录及处理

(1) 以摩尔比 x 为横坐标、相应的吸光度 A 为纵坐标作图。

(2) 从所作图中找出曲线最大值下对应于 $n = x_V/(1 - x_V)$ 的数值，由此确定配合物的组成。

(3) 根据所得吸光度，计算配合物稳定常数。

七、实验习题

(1) 实验中每个溶液的 pH 是否相同？不相同会对稳定常数有什么影响？

(2) 实验中温度改变对实验结果是否有影响？

(3) 从测定值误差估算 $K_{稳}$ 的相对误差。$K_{稳}$ 与哪些因素有关？

八、拓展知识

配合物稳定常数的测定方法

配合物稳定常数是判断溶液中配合物稳定性的重要数据。测定稳定常数的方法包括：紫外-可见光谱法、比色法、电导法、电位滴定法、离子选择性电极法等。

(1) 紫外-可见光谱法。常用于测定配合物稳定常数。该方法利用配合物的吸收光谱特征确定配合物的浓度，从而计算稳定常数。通过测量在不同配体浓度下配合物的吸收光谱，可以得到吸收峰的强度与配体浓度的关系，从而计算出稳定常数。

(2) 比色法。通过测量配合物的颜色变化确定配合物的浓度和稳定常数。比色法适用于色谱稳定性较弱的配合物，通过对配合物吸收光谱的测量，根据朗伯-比尔定律计算配合物的浓度和稳定常数。

(3) 电导法。通过测量电解质溶液的电导率测定配合物浓度。通过测量配合物溶液和金属离子溶液的电导率，根据电导率与浓度的关系，计算出配合物的稳定常数。

(4) 电位滴定法。通过测定配合物溶液的电位，根据电位与配体浓度的关系，计算出配合物的稳定常数。

(5) 离子选择性电极法。通过测定离子选择性电极的电位变化测定配合物浓度和稳定常数。

稳定常数的测定对于了解配合物的稳定性及其在化学反应中的应用具有重要意义。通过稳定常数的研究，可以深入了解配合物之间的相互作用、中心离子与配体之间的亲和性，为配合物应用领域的研究提供理论指导。

(执笔：朱宇萍；审定：覃松)

第4章　化学反应原理实验

化学反应原理实验包括：对酸碱反应、沉淀反应、配位反应及氧化还原反应方向的影响因素、平衡移动、反应条件等的探究；基本性质实验，如无机化学中阴、阳离子的鉴定，混合离子的分离与鉴定实验。通过实验加深对化学反应原理及无机物结构和性质的认识。本章涉及试管、滴管、离心试管和离心机的使用，需要掌握如何鉴定、分离物质，观察性质实验现象和记录等相关实验技能。

1. 性质实验现象的观察、记录方法

现象是通过感觉器官的观察或通过仪器测定所得的事物表象。物质发生化学变化时，产生的现象一般包括：发光、发热、发声、变色、溶解、沉淀、产生气味、逸出气体等。

1) 性质实验现象的观察

实验开始前，注意观察反应物的颜色、状态、气味等。实验过程中，注意观察物质颜色变化、有无气体或沉淀生成，是否发光、发热等。实验结束后，注意观察生成物的颜色、状态或气味等。观察实验现象的过程中，不能只注意强烈刺激作用的现象，而忽视其他现象；不能忽略稍纵即逝的现象；不能只注意观察实验过程中的现象，而忽略对实验操作顺序、装置特点的观察；不能只观察不思考等。

2) 实验现象的记录

对于实验过程中观察到的现象，要全面、实事求是地做好记录，以便后续实验分析。实验记录涉及反应前、反应中和反应后。若有气体产生，则应写出气体的颜色、气味、特征；若有沉淀产生，则应写出沉淀的颜色和形态。沉淀的形态主要是指沉淀的聚集状态，如无定形、晶态、胶状、粉末等；反应过程中的温度变化、发光、发声、速度、燃烧(程度及火焰颜色)、爆炸或剧烈程度等都需要准确记录。

2. 离子的分离和鉴定

离子的分离和鉴定以各离子对试剂的不同反应为依据。离子的分离和鉴定需在一定反应条件下进行，反应条件包括溶液酸度、反应物浓度、反应温度、促进或妨碍反应的物质是否存在等。为使反应向期望的方向进行，必须选择适当的反应条件。

1) 离子的分离

如果离子混合液中各组分对鉴定反应不产生干扰，则可以利用特效反应直接鉴定某种离子。若共存的其他组分彼此干扰，则需选择适当方法消除干扰。通常采用掩蔽剂消除干扰，这是一种比较简单、有效的方法。如果没有合适的掩蔽剂，则需要将彼此干扰的组分分离。

2) 离子的鉴定

(1) 鉴定反应进行的条件。鉴定反应大多是在水溶液中进行的离子反应。鉴定反应必须具有明显的外观特征，如溶液颜色的改变、沉淀的生成或溶解、有气体产生等。此外，鉴定反应必须进行迅速。

(2) 鉴定反应的灵敏度。鉴定反应的灵敏度一般用检出限量和最低浓度表示。检出限量是指在一定条件下，利用某反应能检出某离子的最小量，用 m 表示，单位微克(μg)。最低浓度是指在一定条件下，被检出离子能得到肯定结果的最低浓度，用 ρ_B 或 $1:G$ 表示。G 是含有 1 g 被鉴定离子的溶剂的质量；ρ_B 的单位为 μg/mL，因此两者的关系为 $\rho_B G = 10^6$。

检出限量越低，最低浓度越小，则此鉴定反应的灵敏度越高。对于同一离子，不同鉴定反应具有不同的灵敏度。每个鉴定反应所能检出的离子都有一定的量的限度。利用某一反应鉴定离子，若得到否定的结果，只能说明此离子的存在量小于该反应所示的灵敏度，不能说明此离子不存在。因此，每个鉴定反应都包含量的含义。

通常表示某鉴定方法的灵敏度时，要同时指出其最低浓度(相对量)和检出限量(绝对量)，而不用指明试液的体积。在实际分析中，$\rho_B < 1$ mg/mL(1：1000)，即 $m < 50$ μg 的方法已难以满足鉴定的要求。

3) 鉴定反应的选择性

如果加入的试剂只与一种离子发生反应，则这一反应的选择性最高，称为该离子的专属反应。如果一种试剂只与为数不多的离子发生反应，则这种反应称为选择性反应。与加入的试剂发生反应的离子越少，反应的选择性越高。对于选择性高的反应，可以通过控制溶液的酸度、掩蔽干扰离子、分离干扰离子的方法使其成为专属反应。

3. 试管与胶头滴管的配套使用

在性质实验中，试管、胶头滴管的使用频率较高，使用方法如下：在胶头滴管中吸入适量液体后，将其垂直悬于试管口上方 0.5 cm 处，向试管中加液时胶头滴管不能伸入容器中，也不能接触容器。用拇指和食指挤压胶头，将胶头滴管中的液体缓慢滴入试管中。

注意：有些特殊情况下需将胶头滴管伸入溶液内加液。例如，为了防止亚铁离子被氧化，向硫酸亚铁溶液中滴入氢氧化钠溶液时，应将滴管伸入试管底部。

4. pH 试纸

pH 试纸是将滤纸浸泡在一定比例的混合酸碱指示剂溶液中，经干燥后得到。当遇到不同酸碱性溶液时，pH 试纸呈现不同颜色，以颜色判断溶液的酸碱度。

1) 类型

广范 pH 试纸：变色范围为 pH = 1～14，pH 为整数，测定准确值为 1。

精密 pH 试纸：较精确地测定溶液的 pH，测定准确值为 0.1。

2) 使用方法

测试溶液的 pH：用洁净的玻璃棒蘸取待测液点滴于试纸的中部，观察变化稳定后的颜色，与标准比色卡对比，确定 pH。

检验气体的 pH：先用蒸馏水把试纸润湿，粘在玻璃棒的一端，再送到盛有待测气体的容器口附近(试纸不能触及器壁)，观察颜色变化，并与标准比色卡对比。

(执笔：朱宇萍；审定：覃松)

实验十五　酸碱反应与缓冲溶液

一、实验目的

理解和巩固酸碱反应的有关概念和原理，熟悉同离子效应、盐类的水解及其影响因素；掌握性质实验的一些基本操作要领、缓冲溶液的配制及其 pH 的测定；了解缓冲溶液的缓冲性能；掌握 pH 试纸的使用方法。

二、实验指导

1. 课前预习

(1) 本实验涉及同离子效应、盐类的水解及缓冲溶液的相关知识。

(2) 基本操作包括 pH 试纸、试管、试剂瓶、滴瓶的规范使用。

(3) 写出实验中涉及的化学反应方程式。

2. 课前思考

(1) 影响盐类水解的因素有哪些？

(2) 计算“盐类的水解”实验(1)～(3)中的 pH 大小，并得出结论。

(3) HAc-NaAc 缓冲溶液的理论缓冲范围是多少？

3. 注意事项

(1) 同离子效应实验在小试管中进行。

(2) 盐类的水解实验可直接将溶液滴于 pH 试纸上测定溶液的 pH。

(3) 配制缓冲溶液时量筒、烧杯专用，不能混用。

(4) 根据理论知识预测实验现象，并与实验对比。

(5) 注意区分不同的 pH 试纸及其适用范围。

(6) 实验报告按照“化学性质实验报告”格式书写；书写时写清楚实验现象(颜色、气味、状态等)，给予解释，写出化学反应方程式，并得出结论。

三、仪器和试剂

仪器：烧杯(50 mL)、吸量管(10 mL)、洗耳球、点滴板、试管、试管架、酒精灯。

试剂：HCl(0.1 mol/L、2 mol/L)、HAc(0.1 mol/L、1 mol/L)、NaOH(0.1 mol/L)、$NH_3 \cdot H_2O$(0.1 mol/L、1 mol/L)、NaCl(0.1 mol/L)、Na_2CO_3(0.1 mol/L)、NH_4Cl(0.1 mol/L、1 mol/L)、NaAc(0.1 mol/L、1 mol/L)、NH_4Ac(0.1 mol/L)、NaAc(s)、NH_4Ac(s)、NH_4Cl(s)、$Bi(NO_3)_3$(0.1 mol/L)、$CrCl_3$(0.1 mol/L)、$Fe(NO_3)_3$(0.5 mol/L)、酚酞、甲基橙等。

材料：精密 pH 试纸、pH 试纸。

四、实验内容

1. 同离子效应

1) 相关原理

同离子效应的两种表述：①在弱电解质溶液中加入含有相同离子的另一种强电解质时，该弱电解质的解离度减小的效应；②在难溶电解质溶液中加入含有相同离子的其他强电解质时，该难溶电解质的溶解度减小的效应。

2) 实验内容

(1) 用精密 pH 试纸测定 1.0 mL 0.1 mol/L $NH_3 \cdot H_2O$ 的 pH，加入少量 NH_4Cl(s)，观察现象，再测定混合液的 pH。

(2) 用精密 pH 试纸测定 1.0 mL 0.1 mol/L HAc 的 pH，加入 NaAc(s)，观察现象，再测定混合液的 pH。

(3) 在试管中加入 0.5 mL 0.1 mol/L $NH_3 \cdot H_2O$ 和 1 滴酚酞指示剂，观察溶液的颜色；再加入少量 NH_4Cl(s)，观察颜色变化。

(4) 在试管中加入 1.0 mL 0.1 mol/L HAc 和 1 滴甲基橙指示剂，观察溶液的颜色；再加入少量 NaAc(s)，观察颜色变化。

2. 盐类的水解

1) 相关原理

盐在溶液中与水作用而改变溶液酸度的反应称为盐的水解反应。盐水解反应的实质是盐的离子与溶液中水电离出的 H^+或 OH^-作用生成弱电解质的反应。一般弱酸强碱盐水解呈碱性，弱碱强酸盐水解呈酸性。

酸式盐：$K_{a1}K_{a2} > 10^{-14}$ 显酸性；$K_{a1}K_{a2} < 10^{-14}$ 显碱性；$K_{a1}K_{a2} = 10^{-14}$ 接近中性。弱酸弱碱盐：$K_a = K_b$，溶液显中性；$K_a > K_b$，溶液显酸性；$K_a < K_b$，溶液显碱性。

水解反应是酸碱中和反应的逆反应。中和反应是放热反应，水解反应是吸热反应。因此，升高温度有利于盐类的水解。

2) 实验内容

(1) 用 pH 试纸分别测定 0.1 mol/L NaCl、NaAc、NH_4Cl、NH_4Ac 溶液的 pH。

(2) 温度对水解的影响。两支试管分别盛 10 mL 水，将其中一支加热到沸腾后，分别加入 5 滴 0.5 mol/L $Fe(NO_3)_3$ 溶液，观察现象。

(3) 在 3 mL 水中加 1 滴 0.1 mol/L $Bi(NO_3)_3$ 溶液，观察现象。再滴加 2 mol/L HCl 溶液，观察有何变化。

(4) 在试管中加入 2 滴 0.1 mol/L $CrCl_3$ 溶液和 3 滴 0.1 mol/L Na_2CO_3 溶液，观察现象。

3. 缓冲溶液

1) 相关原理

缓冲溶液：氢离子浓度不因加入少量的酸或碱而引起显著变化的溶液。

缓冲溶液的组成：弱酸-弱酸盐或弱碱-弱碱盐。例如，HAc-NaAc，$NH_3 \cdot H_2O$-NH_4Cl，H_3PO_4-NaH_2PO_4，NaH_2PO_4-Na_2HPO_4，Na_2HPO_4-Na_3PO_4 等。

缓冲溶液的$[H^+]$或$[OH^-]$由下列公式计算：

弱酸-弱酸盐：$[H^+] = K_a(c_{酸} / c_{盐})$

弱碱-弱碱盐：$[OH^-] = K_b(c_{碱} / c_{盐})$

缓冲溶液的缓冲能力：当弱酸(或弱碱)与它的共轭碱(或酸)浓度较大时，其缓冲能力较强；当$c_{酸} / c_{盐}$ 或$c_{碱} / c_{盐}$ 的值接近 1 时，其缓冲能力最强。

缓冲溶液缓冲范围：$c_{酸} / c_{盐}$ 或$c_{碱} / c_{盐}$ 的值通常选在 1/10～10/1，其对应 pH 范围称为缓冲溶液缓冲范围。超出该范围，缓冲溶液失去缓冲能力。

弱酸-弱酸盐缓冲溶液的缓冲范围：$pH = pK_a \pm 1$

弱碱-弱碱盐缓冲溶液的缓冲范围：$pH = (14 - pK_b) \pm 1$

2) 实验内容

(1) 在烧杯中加入 10.0 mL 1 mol/L HAc 和 10.0 mL 1 mol/L NaAc，测定其 pH。

将上述溶液分成两等份，一份加 1 mL 0.1 mol/L HCl，测定 pH；另一份加 1 mL 0.1 mol/L NaOH，测定 pH。用两份 10.0 mL 的水代替上述缓冲溶液，分别加入等量的 HCl 和 NaOH，测定其 pH。

(2) 在烧杯中加入 5.0 mL 0.1 mol/L HAc 和 5.0 mL 1 mol/L NaAc，测定其 pH；在小烧杯中加入 5.0 mL 1 mol/L HAc 和 5.0 mL 0.1 mol/L NaAc，测定其 pH。

(3) 在烧杯中加入 10.0 mL 1 mol/L $NH_3 \cdot H_2O$ 和 10.0 mL 1 mol/L NH_4Cl，测定其 pH。

将上述溶液分成两等份：一份加 1 mL 0.1 mol/L HCl，测定其 pH；另一份加 1 mL 0.1 mol/L NaOH，测定 pH。

将上述实验(1)、(2)、(3)缓冲溶液的 pH 结果填于表 4-1。

表 4-1　几种缓冲溶液的 pH

编号	配制缓冲溶液(用相应吸量管移取)	pH 计算值	pH 测定值
(1)	10.0 mL 1 mol/L HAc 和 10.0 mL 1 mol/L NaAc		
(2)	5.0 mL 0.1 mol/L HAc 和 5.0 mL 1 mol/L NaAc 5.0 mL 1 mol/L HAc 和 5.0 mL 0.1 mol/L NaAc		
(3)	10.0 mL 1 mol/L $NH_3 \cdot H_2O$ 和 10.0 mL 1 mol/L NH_4Cl		

五、实验习题

(1) 如何配制 $SnCl_2$ 溶液、$SbCl_3$ 溶液和 $Bi(NO_3)_3$ 溶液？

(2) 缓冲溶液的 pH 由哪些因素决定？其中主要的决定因素是什么？

(3) 由表 4-1 中的结果可得出什么结论？

六、拓展知识

1. 人体内缓冲溶液的重要作用

人和生物的生活环境、摄入的营养物质和代谢产物的 pH 也要适应生物体内的 pH。生物体内组织器官已习惯于在一定 pH 下存在和活动。其间存在着极其复杂的平衡状态，一旦外来或内在因素使 pH 失调，体内原有的复杂状态改变，正常生理过程受到阻碍，生命现象将发生变化。所幸生物体内及环境中都存在各种缓冲系统，能维持生物体内液体环境 pH 不发生剧变。因此，生物体内的缓冲溶液为生命的存在、延续和发展提供了条件。

2. 人体内常见的缓冲对

1) 血液

人体内的血液就是一种缓冲体系。人体每天需消耗氧气，成人体内每日产生二氧化碳为 400～460 L，但是人在消耗氧气放出二氧化碳的整个过程中，血液的 pH 始终保持在 7.4 ± 0.03。这除了与人体的排酸功能有关外，还应归功于血液的缓冲作用。血液中起缓冲作用的缓冲组分主要有三对：①碳酸-碳酸氢盐；②血液蛋白缓冲体系；③磷酸氢盐缓冲体系。

2) 人体内对酸性物质的缓冲

血液中对碳酸直接起缓冲作用的是血红蛋白和氧合血红蛋白的缓冲体系。由于血红蛋白酸性比氧合血红蛋白弱，故前者的共轭碱是较弱碱，它对碳酸的缓冲能力比氧合血红蛋白的共轭碱强。因此，这两者与血液中的碳酸相互作用，使碳酸转化成二氧化碳排出，抵消血液 pH 降低的影响，使血液的 pH 维持在 7.4 ± 0.03。血液对体内代谢过程中产生的非挥发性酸(如乳酸、丙酮酸等)也有缓冲作用。这些物质一般不能在肺泡中排出，主要靠血浆中碳酸氢盐的缓冲作用。例如，血液对乳酸作用生成的碳酸转变成二氧化碳经呼吸排出。

3) 人体内对碱性物质的缓冲

血液对碱性物质也有缓冲作用。碱性物质主要来源于食物，食物中的碱进入血液中会使血液 pH 升高，而此时主要靠血浆中碳酸、碳酸氢盐起缓冲作用。

(执笔：兰子平、朱宇萍；审定：覃松)

实验十六　配合物与沉淀溶解平衡

一、实验目的

加深理解配离子的组成和稳定性，掌握配离子和简单离子的区别；加深理解沉淀溶解平衡和溶度积的概念，并掌握溶度积规则的应用；了解配位平衡与沉淀溶解平衡间的相互转化；掌握固液分离的基本操作。

二、实验指导

1. 课前预习

(1) 本实验为性质实验，主要涉及胶头滴管、试管、离心机的使用。

(2) 写出各实验的化学反应方程式。

2. 课前思考

(1) 在“配位平衡的移动”实验 c 中，若将 NaOH 浓度增大(＞6 mol/L)，结果会怎样？加入 HCl 呢？

(2) 根据溶度积规则，如何判断混合离子中哪种离子先沉淀?

(3) 在“沉淀的转化”实验中，Ag_2CrO_4沉淀为什么能转化为AgCl沉淀? 用平衡常数值说明。

3. 注意事项

(1) 使用离心机时离心试管对称放置，转速以 2000～3000 r/min(视仪器型号而定)为宜，慢加速、慢减速。

(2) 若未注明用量，起始试剂用量一律为 0.5 mL，试剂逐滴加入至有变化。

三、仪器和试剂

仪器：离心机、普通试管、离心试管、滴管、点滴板。

试剂：$NiSO_4$(0.1 mol/L)、$FeCl_3$(0.1 mol/L)、KSCN(0.1 mol/L)、NaF(0.1 mol/L)、$K_3[Fe(CN)_6]$ (0.1 mol/L)、$(NH_4)_2Fe(SO_4)_2$(0.1 mol/L)、$CuSO_4$(0.1 mol/L)、$NH_3 \cdot H_2O$ (2 mol/L、6 mol/L)、NaOH(2 mol/L)、$BaCl_2$ (0.1 mol/L)、NaCl(0.1 mol/L)、KBr (0.1 mol/L)、KI (0.1 mol/L)、$AgNO_3$(0.1 mol/L)、$Na_2S_2O_3$ (0.1 mol/L)、Na_2S (0.1 mol/L)、K_2CrO_4(0.1 mol/L)、$Pb(NO_3)_2$(0.1 mol/L)。

四、实验内容

1. 配合物的形成与配位平衡的移动

1) 配合物的形成及配位平衡

(1) 相关原理。由中心离子(或原子)与配体按一定组成和空间构型以配位键结合所形成的化合物称为配合物。配合物中的内界和外界之间以离子键结合，在水溶液中完全解离成配离子和外界离子。例如

$$[Cu(NH_3)_4]SO_4 = [Cu(NH_3)_4]^{2+} + SO_4^{2-}$$

在一定条件下，中心离子、配位体和配位离子间达到配位平衡。例如

$$Cu^{2+} + 4NH_3 \rightleftharpoons [Cu(NH_3)_4]^{2+}$$

平衡时

$$K_{稳} = \frac{[Cu(NH_3)_4^{2+}]}{[Cu^{2+}][NH_3]^4}$$

对于相同类型的配合物，$K_{稳}$值越大，配合物就越稳定。

(2) 实验内容。

a. 向 2 滴 0.1 mol/L $NiSO_4$溶液中逐滴加入 6 mol/L $NH_3 \cdot H_2O$，观察现象。

b. 向 2 滴 0.1 mol/L $FeCl_3$ 溶液中加 1 滴 0.1 mol/L KSCN 溶液，观察现象。此溶液放置备用。

c. 向 10 滴 0.1 mol/L $CuSO_4$ 溶液中滴加 6 mol/L $NH_3 \cdot H_2O$ 至沉淀刚好溶解，观察现象。将溶液分为两份，备用。

2) 配位平衡的移动

(1) 相关原理。配位平衡可通过改变浓度移动平衡，而改变浓度常通过化学反应实现。例如，中心离子、配体参与化学反应以改变其浓度。反应类型涉及酸碱反应、沉淀反应、配位反应、氧化还原反应等。

a. 配位反应对配位平衡的影响。

$$ML_n + mL' = ML'_m + nL \qquad \text{(省略电荷，下同)}$$

平衡常数：

$$K = K_{ML'_m} / K_{ML_n}$$

可以判断，如果 $K_{ML'_m} > K_{ML_n}$，则 ML_n 易于转变成 ML'_m；如果 $K_{ML_n} > K_{ML'_m}$，则 ML'_m 易于转变成 ML_n。例如

$$[Ag(NH_3)_2]^+ + 2CN^- = [Ag(CN)_2]^- + 2NH_3$$

由于 $K_{[Ag(CN)_2]^-} > K_{[Ag(NH_3)_2]^+}$，$[Ag(NH_3)_2]^+$ 相对易于转变成 $[Ag(CN)_2]^-$；$[Ag(CN)_2]^-$ 相对难于转变成 $[Ag(NH_3)_2]^+$。

b. 沉淀反应对配位平衡的影响。

$$ML_n + A \rightleftharpoons MA\downarrow + nL$$

平衡常数：

$$K = K_{ML_n}^{-1} K_{sp,MA}^{-1}$$

由关系式可见，沉淀反应对配合反应的影响程度取决于配合物的稳定常数和所生成的难溶化合物的溶度积常数。显然，配合物越稳定，沉淀的溶解度越大，正向反应的倾向越小，则 ML_n 难以转变成 MA。例如

$$[Cu(NH_3)_4]^{2+} + S^{2-} \rightleftharpoons CuS\downarrow + 4NH_3$$

平衡常数：

$$K = K_{[Cu(NH_3)_4]^{2+}}^{-1} K_{sp,CuS}^{-1} = 8.5 \times 10^{31}$$

可以看出，$[Cu(NH_3)_4]^{2+}$易转变成 CuS 沉淀。同样，也能用配位反应破坏沉淀平衡，用配位剂促使沉淀的溶解。

(2) 实验内容。

a. 向实验 1)中 b 反应液中滴加几滴 0.1 mol/L NaF 溶液，观察现象。

b. 分别向 5 滴 0.1 mol/L $K_3[Fe(CN)_6]$溶液和 5 滴 0.1 mol/L $(NH_4)_2Fe(SO_4)_2$溶液中各滴加 5 滴 0.1 mol/L KSCN 溶液，观察现象。

c. 向实验 1)中 c 反应两份备用溶液中分别加入数滴 2 mol/L NaOH 溶液和 0.1 mol/L $BaCl_2$溶液，观察现象。

d. 向盛有 3 滴 0.1 mol/L NaCl 溶液的离心试管中加入 3 滴 0.1 mol/L $AgNO_3$溶液，观察现象。离心分离，弃去清液。在沉淀中加入 2 mol/L $NH_3 \cdot H_2O$ 溶液至其溶解，观察现象。再向试管中滴加 0.1 mol/L KBr 溶液，观察现象，离心分离，弃去清液。然后向试管中滴加 0.1 mol/L $Na_2S_2O_3$溶液，观察现象。最后向试管中滴加 0.1 mol/L KI 溶液，振荡试管，观察现象。

2. 沉淀的生成

1) 分步沉淀

(1) 相关原理。混合离子的溶液中加入一种沉淀剂可能使多种离子产生沉淀。如果控制加入沉淀剂的量，可以使沉淀按一定的顺序生成。

如果溶液中存在两种离子 M_1^+ 、M_2^+，加入沉淀剂 A^-，两种离子都会产生沉淀：

$$M_1^+ + A^- \rightleftharpoons M_1A$$

$$M_2^+ + A^- \rightleftharpoons M_2A$$

由溶度积规则可得

M_1^+ 的沉淀条件：$Q_{M_1} = c_{M_1^+}c_{A^-} \geqslant K_{sp,M_1A}$，$c_{A^-} \geqslant K_{sp,M_1A} / c_{M_1^+}$

M_2^+ 的沉淀条件：$Q_{M_2} = c_{M_2^+}c_{A^-} \geqslant K_{sp,M_2A}$，$c_{A^-} \geqslant K_{sp,M_2A} / c_{M_2^+}$

以上两个不等式哪个先成立，则哪种离子先沉淀。

(2) 实验内容。取 1 滴 0.1 mol/L Na_2S 溶液和 1 滴 0.1 mol/L K_2CrO_4溶液加入试管中，再加入蒸馏水稀释至 1 mL，摇匀后先加 1 滴 0.1 mol/L $Pb(NO_3)_2$溶液，振荡试管，观察沉淀的颜色，离心分离；向上层清液中继续滴加 0.1 mol/L $Pb(NO_3)_2$溶液，沉淀颜色有何变化？

2) 沉淀的转化

(1) 相关原理。沉淀转化反应通式：

$$MA(s) + B^- \rightleftharpoons MB(s) + A^-$$

平衡常数：

$$K = K_{sp,MA}K_{sp,MB}^{-1}$$

K 越大，转化越容易。

$K_{sp,MA} > K_{sp,MB}$时，正反应的趋势大，MA 易于转化成 MB；$K_{sp,MA} < K_{sp,MB}$时，

正反应的趋势小，MA 难于转化成 MB，相反，逆反应趋势大，MB 易于转化成 MA。

(2) 实验内容。取 1 滴 0.1 mol/L $AgNO_3$ 溶液于点滴板中，加入 1 滴 0.1 mol/L K_2CrO_4 溶液，用玻璃棒搅拌，观察沉淀的颜色。再逐滴加入 0.1 mol/L NaCl 溶液，用玻璃棒搅拌，直到砖红色沉淀消失、白色沉淀生成为止。

五、实验习题

(1) 可利用哪些不同类型的反应使 $[FeSCN]^{2+}$ 的红色褪去？

(2) Fe^{3+} 可以将 I^- 氧化为 I_2，自身被还原成 Fe^{2+}，但 $[Fe(CN)_6]^{4-}$ 又可以将 I_2 还原成 I^-，自身被氧化成 $[Fe(CN)_6]^{3-}$。如何解释此现象？

(3) 衣服上沾有铁锈时常用草酸洗，试说明原理。

六、拓展知识

大自然中的石灰石溶岩

石灰石是难溶盐，其主要成分是碳酸钙。自然界中溶洞的形成多是碳酸钙和碳酸氢钙受地下水长期溶蚀的结果。

地下水中的二氧化碳使石灰岩中不溶性的碳酸钙转化为微溶性的碳酸氢钙：

$$CaCO_3 + H_2O + CO_2 \rightleftharpoons Ca(HCO_3)_2$$

当受热或压力突然减小时，溶解的碳酸氢钙会分解重新变成碳酸钙沉淀，即上述反应逆向进行。大自然中上述反应周而复始，永不停息。

由于石灰岩层中各部分含石灰质量不同，被侵蚀的程度不同，就逐渐被溶解分割成互不相依、千姿百态、陡峭秀丽的山峰和奇异景观的溶洞，这种特征地貌称为喀斯特地貌。

当溶有碳酸氢钙的水从溶洞顶滴到洞底时，由于水分蒸发或压力减小，以及温度变化等，二氧化碳溶解度减小而析出碳酸钙沉淀。这些沉淀经过千百万年的积聚，逐渐形成了钟乳石、石笋等。洞顶的钟乳石与地面的石笋连接起来形成奇特的石柱(图 4-1)。

四川省黄龙沟钙化池(图 4-2)的形成是由于四周高山上的冰雪融水和地表水不断流淌下来，渗入冰碛物中，在松散的石灰岩下部形成浅层潜流，并在流动过程中溶解了大量石灰岩中的碳酸钙。随后，饱含碳酸钙质的潜水露出地表，形成无数小溪散流而下。由于水温和压力降低，二氧化碳气体逸出，溶解于水中的碳酸钙又结晶析出，沉积于植物的根茎、倒木或落地枯枝上，日积月累，形成了厚约 10 cm、高度不等的坚固的碳酸钙围堤。随着地势的高低和地形的起伏，结成的钙化池呈阶梯状叠置。

图 4-1　四川省内江市资中圣灵山大溶洞的溶岩

图 4-2　四川省黄龙沟钙化池

美国内华达沙漠中部“飞翔的喷泉”(Fly Geyser)如图 4-3 所示。20 世纪 60 年代，地底的温泉逐渐渗出地面，形成了间歇泉。日积月累，溶解的矿物质将泉眼逐渐垫高，如今距离地面已有 5 m。这处间歇泉排放的水形成了三四十个水池，面积达 3×10^5 m^2。

土耳其棉花堡如图 4-4 所示。“棉花”是泉水从山顶往下流，所经之处历经千百年钙化沉淀，形成层层相叠的半圆形白色天然石灰岩阶梯，远看像大朵大朵的棉花矗立在山丘上。

图 4-3　飞翔的喷泉

图 4-4　土耳其棉花堡

(执笔：朱宇萍；审定：覃松)

实验十七　氧化还原反应和电化学

一、实验目的

熟悉原电池装置；了解电极的本性、物质的浓度、介质的酸碱性等因素对电极电势、氧化还原反应的方向、产物、速率的影响；了解电池电动势。

二、实验指导

1. 课前预习

本实验涉及原电池简易装置的搭建，能斯特方程、电极电势的应用。

2. 课前思考

(1) 写出铜锌原电池的总反应式和两极反应式。

(2) 根据能斯特方程，预测向铜锌原电池两极分别加入氨水后的产物，判断电极电势会如何变化，以及实验中 E_1、E_2、E_3 的大小顺序。

(3) 原电池电动势的测定实验中，当向素烧瓷中滴加浓氨水时，之前加过氨水的 $CuSO_4$ 溶液是否需要替换？为什么？

(4) 浓度对电极电势的影响实验中为什么要加入 CCl_4？CCl_4 与水的密度哪个大？

(5) 写出实验中涉及的反应方程式。

(6) 完成各实验中的“思考”。

3. 注意事项

(1) 组装原电池时注意线路是否接触良好。

(2) 进行性质实验时必须注明试剂名称、浓度、用量。

(3) 仔细观察每步实验的现象，包括沉淀生成、气体产生、冷热变化、分相(层)、颜色变化、反应物数量变化、反应速率变化，以及仪表读数、指示剂(纸)变化等。

三、仪器和试剂

仪器：普通试管、烧杯(50 mL)、素烧瓷筒、伏特计、锌片、铜片、锌粒。

试剂：$ZnSO_4$(1 mol/L)、$CuSO_4$(1 mol/L)、$NH_3 \cdot H_2O$ (6 mol/L、浓)、CCl_4、$Fe_2(SO_4)_3$ (0.1 mol/L)、KI(0.1 mol/L)、$FeSO_4$(0.1 mol/L、1 mol/L)、HNO_3(2 mol/L、浓)、KBr(0.1 mol/L)、碘水、溴水、Na_2SO_3 (0.1 mol/L)、H_2SO_4 (1 mol/L)、NaOH (6 mol/L)、$KMnO_4$(0.01 mol/L)、KIO_3(0.1 mol/L)、HAc(6 mol/L)、$CoCl_2$(0.1 mol/L)、H_2O_2(3%)、NH_4Cl(1 mol/L)。

材料：导线、砂纸、滤纸。

四、实验内容

1. 原电池电动势的测定及浓度对电极电势、氧化还原反应的影响

1) 相关原理

原电池是利用氧化还原反应将化学能转变为电能的装置。装配原电池时应具备以下条件：必须有两个电极电势不同的半电池；连接两个半电池的装置。

例如，铜锌原电池：

$$(-)Zn|ZnSO_4(1\ mol/L)||CuSO_4(1\ mol/L)|Cu(+)$$

原电池电动势：

$$E = \varphi_{正} - \varphi_{负}$$

电极电势可用能斯特方程求出：

$$\varphi = \varphi^{\ominus} + \frac{0.059}{z}\lg\frac{[氧化态]}{[还原态]}$$

由能斯特方程可以看出浓度对电极电势的影响：氧化态浓度越大或还原态各物质的浓度越小，电极电势就越大；氧化态浓度越小或还原态各物质的浓度越大，电极电势就越小。改变浓度可改变电极电势，进而改变原电池电动势。

2) 实验内容

(1) 在 50 mL 烧杯中加入 15 mL 1 mol/L $CuSO_4$ 溶液，在素烧瓷筒中加入 6 mL 1 mol/L $ZnSO_4$ 溶液，并将其放入盛有 $CuSO_4$ 溶液的烧杯中。将用砂纸打磨过的锌片插入 $ZnSO_4$ 溶液中，铜片插入 $CuSO_4$ 溶液中。两极各连一导线，铜片与伏特计的正极相连，锌片与负极相连。测量其电动势 E_1。

向烧杯中滴加浓氨水，不断搅拌，直至生成的沉淀完全溶解变成蓝色溶液，测量其电池电动势 E_2。

向素烧瓷筒中滴加浓氨水，使生成的沉淀完全溶解，测量其电池电动势 E_3。

(2) 向试管中加蒸馏水、CCl_4 和 0.1 mol/L $Fe_2(SO_4)_3$ 各 0.5 mL，再加入 0.5 mL 0.1 mol/L KI 溶液，振荡后观察 CCl_4 层颜色。

(3) 向盛有 CCl_4、1 mol/L $FeSO_4$ 和 0.1 mol/L $Fe_2(SO_4)_3$ 各 0.5 mL 的试管中加入 0.5 mL 0.1 mol/L KI 溶液，振荡后观察 CCl_4 层颜色。

思考： 根据理论知识判断实验(2)和(3)的现象差异。由此得出什么结论？

(4) 向装有锌粒的两支试管中分别加入 0.5 mL 浓 HNO_3 和 2 mol/L HNO_3 溶液，观察现象。

2. 氧化还原反应和电极电势

1) 相关原理

氧化还原反应方向的判据：

$$E = \varphi_{正} - \varphi_{负} > 0 \quad 反应能自发进行$$

$$E = \varphi_{正} - \varphi_{负} = 0 \quad 反应处于平衡状态$$

$$E = \varphi_{正} - \varphi_{负} < 0 \quad 反应不能自发进行$$

当 $E > 0.5$ V 时，可以用标准电极电势判断反应的方向。

2) 实验内容

(1) 用 0.1 mol/L KBr 溶液代替 KI 溶液进行 1 中的实验(2)，观察 CCl_4 层颜色

有无变化。

(2) 向两支试管中分别加入 3 滴碘水、溴水，然后加入约 0.5 mL 0.1 mol/L $FeSO_4$溶液，摇匀后，加入 0.5 mL CCl_4，充分振荡，观察 CCl_4层有无变化。

注意：判断水层和 CCl_4层的位置，观察水层和 CCl_4层的颜色变化。

思考：

(1) 实验 1 中(2)和实验 2 中(1)、(2)的现象说明什么？

(2) 定性比较 Br_2/Br^-、I_2/I^-、Fe^{3+}/Fe^{2+}三个电对的电极电势的大小，判断最强的氧化剂、还原剂。

3. 酸度对氧化还原反应的影响

1) 酸度对氧化还原方向的影响

(1) 相关原理。酸度对氧化还原反应方向的影响主要是 H^+直接参加反应的影响，即 H^+浓度直接影响电极电势的大小。当物质的氧化态或还原态是弱酸或弱碱时，酸度的变化会影响其存在形式，导致氧化态、还原态的浓度发生变化，使得电对的电极电势也发生改变。

(2) 实验内容。

a. 取 3 支试管分别加入 0.5 mL 0.1 mol/L Na_2SO_3溶液，第一支加入 0.5 mL 1 mol/L H_2SO_4溶液，第二支加入 0.5 mL 蒸馏水，第三支加入 0.5 mL 6 mol/L NaOH 溶液。混合后再各加 2 滴 0.01 mol/L $KMnO_4$溶液，观察颜色变化有何不同。

b. 向试管中加入 0.5 mL 0.1 mol/L KI 溶液和 2 滴 0.1 mol/L KIO_3溶液，再滴加几滴淀粉溶液，混合后观察溶液颜色有无变化。然后加 2～3 滴 1 mol/L H_2SO_4溶液酸化混合液，观察有什么变化。最后加 2～3 滴 6 mol/L NaOH 溶液使混合液显碱性，观察又有什么变化。写出有关反应式。

2) 酸度对氧化还原反应速率的影响

(1) 相关原理。电极反应式中，氢离子通常位于氧化态一边，即

$$\text{氧化态} + H^+ \Longrightarrow \text{还原态} + H_2O$$

当含氧酸作氧化剂时，氢离子通常作为反应物出现，故酸度对氧化还原反应的速率有影响。

(2) 实验内容。向两支装有 0.5 mL 0.1 mol/L KBr 溶液的试管中分别滴加 0.5 mL 1 mol/L H_2SO_4溶液和 0.5 mL 6 mol/L HAc 溶液，再各加 2 滴 0.01 mol/L $KMnO_4$溶液，观察颜色退去的速度。

4. 配位反应对氧化还原反应的影响

1) 相关原理

根据能斯特方程，如果氧化还原电对中的离子因参与配位反应导致其浓度发

生改变，则会导致[氧化态]/[还原态]的值发生变化，最终使氧化还原电对的电极电势发生改变。

如果只有氧化态离子参与配位反应，则电极电势将降低；如果只有还原态离子参与配位反应，则电极电势将升高。例如，$\varphi^{\ominus}_{Ag^+/Ag}=0.799\ V$，$\varphi^{\ominus}_{[Ag(NH_3)_2]^+/Ag}=0.38\ V$。

如果氧化态离子和还原态离子都参与配位反应，则其电极电势可能升高也可能降低。例如

$$Co^{3+}+e^- = Co^{2+} \qquad \varphi^{\ominus}=1.84\ V$$

$$[Co(NH_3)_6]^{3+}+e^- = [Co(NH_3)_6]^{2+} \qquad \varphi^{\ominus}=0.1\ V$$

$$[Co(CN)_6]^{3-}+e^- = [Co(CN)_6]^{4-} \qquad \varphi^{\ominus}=-0.83\ V$$

从配离子稳定常数看

$$K_{稳,[Co(NH_3)_6]^{3+}}=1.4\times10^{35} \gg K_{稳,[Co(NH_3)_6]^{2+}}=2.4\times10^{4}$$

$$K_{稳,[Co(CN)_6]^{3-}}=10^{64} \gg K_{稳,[Co(CN)_6]^{4-}}=10^{19}$$

导致 Co(Ⅲ)/Co(Ⅱ)的$\varphi^{\ominus}$降低。其标准电极电势相比于水合离子的标准电极电势下降很多。

2) 实验内容

(1) 向5滴0.1 mol/L $CoCl_2$溶液中滴加3% H_2O_2溶液，观察有无变化。

(2) 向5滴0.1 mol/L $CoCl_2$溶液中加2滴1 mol/L NH_4Cl溶液，再滴加6 mol/L $NH_3\cdot H_2O$至黄色，最后滴加3% H_2O_2溶液，观察溶液颜色的变化。

5. 氧化数居中的物质的氧化还原性

1) 相关原理

氧化数居中的物质在不同电对中既可作氧化态物质又可作还原态物质，故在不同反应中既可作氧化剂又可作还原剂。

2) 实验内容

(1) 向试管中加入0.5 mL 0.1 mol/L KI溶液和2滴1 mol/L H_2SO_4溶液，再加入1～2滴3% H_2O_2溶液，观察试管中溶液的颜色。

(2) 向试管中加入2滴0.01 mol/L $KMnO_4$溶液，再加入3滴1 mol/L H_2SO_4溶液，摇匀后加2滴3% H_2O_2溶液，观察溶液颜色的变化。

五、实验习题

(1) 根据实验结果讨论氧化还原反应与哪些因素有关。

(2) 为什么 H_2O_2 既可作氧化剂又可作还原剂？写出电极反应，说明 H_2O_2 在什么情况下作氧化剂，什么情况下作还原剂。

(3) 试举出一两个生活中的氧化还原反应实例。

六、拓展知识

氧化还原反应离你很近

生物圈中包含的化合物主要由碳、氢、氧、氮、磷五种元素组成。这些化合物在自然界中不断生成、消耗及互相转变，使生物圈形成一个巨大的循环系统。生态循环过程由能量的同化、异化作用以及上述五种元素的各种氧化还原反应共同完成，如自然界中碳、氮、磷等物质的循环。氧化还原反应是推动整个生物圈繁衍的原动力。

切好的水果放置一段时间会变色，这个现象就是氧化还原反应的结果。

苹果中含有 Fe^{2+}和酚类化合物，细胞中含有酚氧化酶，在组织没有损伤之前，酚氧化酶存在于细胞器中，不能与酚类化合物接触，空气中的氧更无法进入。切开苹果后，氧气将 Fe^{2+}氧化为 Fe^{3+}，酚氧化酶将酚类化合物氧化为醌类化合物。氧化过程导致颜色发生变化(图 4-5)：

$$Fe^{2+}(\text{绿色}) \longrightarrow Fe^{3+}(\text{黄色})$$

$$\text{酚类化合物(无色)} \longrightarrow \text{醌类化合物(深褐色)}$$

图 4-5 苹果切面的变色

苹果变色后，所含的维生素 C 减少，影响营养价值。维生素 C 是卓越的抗氧化剂，能抑制细胞基本成分的氧化，加速自由基消除，减少自由基对皮肤的伤害，延缓皮肤衰老。维生素 C 还能将人体内难以吸收的 Fe^{3+}还原为 Fe^{2+}，促进 Fe^{2+}的吸收，使皮肤红润、健康。

土豆、藕中也含有多元酚类单宁物质(又称鞣质)。土豆、藕切开以后，单宁在酶的作用下极易被空气氧化而生成褐色，称为酶褐变。为了避免单宁物质遇空气氧化，可将切好的土豆、藕放在清水或淡盐水中浸泡，使其与空气隔绝，就不会变色了。

氧化还原反应也用于酒后驾驶的检验。用 $K_2Cr_2O_7$ 检验司机是否酒后驾驶。如果驾驶员饮酒，则吐出的气体中必然含有乙醇，乙醇与酸性重铬酸钾发生如下氧化还原反应：

$$2K_2Cr_2O_7(\text{橙红色}) + 3CH_3CH_2OH + 8H_2SO_4 = 2K_2SO_4 + 2Cr_2(SO_4)_3(\text{绿色}) + 3CH_3COOH + 11H_2O$$

根据溶液的颜色变化判断驾驶员是否酒后驾驶。还可以根据血液乙醇含量判断：含量 20～80 mg/mL 为饮酒驾驶，含量≥80 mg/mL 为醉酒驾驶。

氧化还原反应离人们的生活很近，研究氧化还原反应的规律，可以有效地控制和利用这类反应。

(执笔：朱宇萍；审定：覃松)

实验十八　第一过渡系元素(铬、锰、铁、钴、镍)

一、实验目的

了解铬、锰主要氧化态化合物的重要性质及各氧化态之间相互转化的条件；掌握二价铁、钴、镍的还原性和三价铁、钴、镍的氧化性；了解铁、钴、镍配合物的生成及性质；巩固水浴加热法。

二、实验指导

1. 课前预习

(1) 学习第一过渡系金属元素原子的电子结构、基本性质及变化规律。

(2) 根据元素电势图，判断实验涉及各元素在不同价态下其氧化性或还原性的强弱。

(3) 本实验涉及点滴板的使用。

2. 课前思考

(1) 写出实验中相关的反应式，并分析结果。

(2) “铬化合物的重要性质及相互转化”部分：

a. 从电势值和产物的颜色考虑，该部分实验(1)、(3)中用到的 Na_2SO_3、H_2O_2 能否用其他溶液替换？为什么？

b. 根据反应式，讨论介质环境对铬(Ⅵ)的缩合平衡的影响。

c. 讨论$Cr_2O_7^{2-}$与CrO_4^{2-}相互转化的条件。

(3) “锰化合物的重要性质及相互转化”部分：

a. 结合元素电势图理解MnO_2的制备方法。

b. 归纳 $KMnO_4$ 在不同介质中发生氧化还原反应的产物有何不同，讨论$KMnO_4$在何种介质中氧化性最强。

(4) “铁、钴、镍化合物的性质”部分：

预测实验(2)a 和 b、实验(2)b 和实验(3)b 的现象的差异。

3. 注意事项

(1) 部分实验需要避免与氧气接触。

(2) 试管必须清洗干净，以免内部残留影响实验现象。

(3) 在介电常数较大的溶剂中，如二氧化硫(液态)、醇等，碘呈现棕色或棕红色；而在介电常数较小的溶剂中，如四氯化碳、二硫化碳等，碘则呈现紫色。碘溶液颜色的不同是由于碘在极性溶剂中形成溶剂化物，而在非极性或极性较低的溶剂中不发生溶剂化作用，溶解的碘以分子状态存在，故溶液的颜色与碘蒸气相同。

三、仪器和试剂

仪器：离心机、离心试管、普通试管、烧杯、滴管、点滴板。

试剂：H_2SO_4 (1 mol/L、6 mol/L、浓)、HCl(2 mol/L、浓)、NaOH (0.2 mol/L、2 mol/L、6 mol/L)、$NH_3 \cdot H_2O$(6 mol/L、浓)、$(NH_4)_2Fe(SO_4)_2$(0.1 mol/L)、$CoCl_2$ (0.1 mol/L)、$FeCl_3$ (0.1 mol/L)、$BaCl_2$ (0.1 mol/L)、$NiSO_4$(0.1 mol/L)、KI(0.5 mol/L)、$K_3[Fe(CN)_6]$(0.1 mol/L)、$K_4[Fe(CN)_6]$(0.1 mol/L)、H_2O_2(3%)、KSCN(0.5 mol/L)、K_2CrO_4(0.1 mol/L)、$K_2Cr_2O_7$(0.1 mol/L)、$FeSO_4$(0.1 mol/L)、$AgNO_3$ (0.1 mol/L)、$Pb(NO_3)_2$(0.1 mol/L)、$MnSO_4$ (0.2 mol/L、0.5 mol/L)、$KMnO_4$(0.1 mol/L)、Na_2SO_3 (0.1 mol/L)、氯水、CCl_4、戊醇、乙醚、二氧化锰(s)、亚硫酸钠(s)、高锰酸钾(s)、硫酸亚铁铵(s)、硫氰酸钾(s)。

材料：淀粉碘化钾试纸。

四、实验内容

1. 铬化合物的重要性质及相互转化

1) 相关原理

铬具有多种氧化态，常见的有+2、+3 和+6。在酸性介质中，+2 氧化态具有强还原性，+6 氧化态具有强氧化性；在碱性介质中，+6 氧化态稳定。

Cr(Ⅱ)：$[Cr(H_2O)_6]^{2+}$呈蓝色；Cr(Ⅲ)：$[Cr(H_2O)_6]^{3+}$呈紫色；Cr(Ⅵ)：固态以

橙红色的 CrO_3 存在，水溶液中 Cr(Ⅵ)只能以酸根的形式存在(酸性：$Cr_2O_7^{2-}$，碱性：CrO_4^{2-})，$Cr_2O_7^{2-}$ 呈橙红色，CrO_4^{2-} 呈黄色。常见的含氧酸盐有铬酸盐和重铬酸盐。

2) 实验内容

(1) 铬(Ⅵ)的氧化性。在 5 mL 0.1 mol/L $K_2Cr_2O_7$ 溶液中加入少量 0.1 mol/L Na_2SO_3 溶液，观察溶液颜色的变化，保留溶液。

(2) 氢氧化铬(Ⅲ)的两性。在实验(1)溶液中逐滴加入 6 mol/L NaOH 溶液，观察沉淀物的颜色。将所得沉淀物分成两份，分别试验与酸、碱的反应，观察溶液的颜色，产物备用。

(3) 铬(Ⅲ)的还原性。向实验(2)得到的 CrO_2^- 溶液中加入少量 3% H_2O_2 溶液，水浴加热，观察溶液颜色的变化。

(4) 重铬酸盐和铬酸盐的相互转化。在 0.5 mL 0.1 mol/L $K_2Cr_2O_7$ 溶液中逐滴加入 2 mol/L NaOH 溶液，观察溶液颜色的变化。然后加入 1 mol/L H_2SO_4 溶液酸化，观察溶液颜色又有何变化，写出转化方程式，并解释现象。

(5) 重铬酸盐和铬酸盐的溶解性。分别在装有 0.1 mol/L K_2CrO_4 和 0.1 mol/L $K_2Cr_2O_7$ 溶液的两支试管中依次加入少量浓度均为 0.1 mol/L 的 $Pb(NO_3)_2$、$BaCl_2$ 和 $AgNO_3$ 溶液，观察产物的颜色和状态，比较并解释实验结果。

2. 锰化合物的重要性质及相互转化

1) 相关原理

锰的氧化态范围较广，常见的有+2、+4 和+7。酸性条件下，锰(Ⅱ)最稳定。二氧化锰是锰(Ⅳ)的重要化合物，可由锰(Ⅶ)和锰(Ⅱ)化合而得。锰(Ⅶ)的化合物中最重要的是高锰酸钾。

2) 实验内容

(1) 氢氧化锰的生成和性质。取 10 mL 0.2 mol/L $MnSO_4$ 溶液分成两份：一份滴加 0.2 mol/L NaOH 溶液，在空气中放置一段时间，观察沉淀颜色，继续加入过量的 0.2 mol/L NaOH 溶液，观察现象；另一份滴加 0.2 mol/L NaOH 溶液，迅速加入 2 mol/L HCl 溶液，观察现象。总结氢氧化锰的性质。

(2) 二氧化锰的生成和氧化性。

a. 向盛有少量 0.1 mol/L $KMnO_4$ 溶液的试管中逐滴加入 0.5 mol/L $MnSO_4$ 溶液，观察沉淀的颜色。继续向沉淀中加入 1 mol/L H_2SO_4 溶液和 0.1 mol/L Na_2SO_3 溶液，观察沉淀是否溶解。

b. 向装有少量(米粒大小)二氧化锰固体的试管中加入 2 mL 浓 H_2SO_4，加热，观察反应前后的颜色。有何气体产生？

(3) 高锰酸钾的性质。分别试验在酸性(1 mol/L H_2SO_4)、中性(蒸馏水)、碱性(6 mol/L NaOH)介质中高锰酸钾溶液与亚硫酸钠溶液的反应，观察并比较它们的产物有何不同。

3. 铁、钴、镍化合物的性质

1) 相关原理

铁、钴、镍的性质非常相似，故称为铁系元素，它们重要的氧化数为+2 和+3。+2 氧化态均具有还原性，其还原性按铁、钴、镍依次减弱，还原性受介质影响。铁(Ⅱ)无论在酸性介质还是碱性介质中均表现出较强还原性，而钴(Ⅱ)、镍(Ⅱ)主要在碱性介质中表现还原性。铁(Ⅲ)、钴(Ⅲ)、镍(Ⅲ)均具有一定的氧化性，其氧化性依次增强，铁(Ⅲ)在酸性溶液中有中等氧化能力。

2) 实验内容

(1) 铁(Ⅱ)的还原性。

a. 酸性介质。向盛有 0.5 mL 氯水的试管中滴加 3 滴 6 mol/L H_2SO_4 溶液，然后滴加 0.1 mol/L $(NH_4)_2Fe(SO_4)_2$ 溶液，观察现象。

注意：若现象不明显(淡绿色→黄棕色)，可滴加 1 滴 0.5 mol/L KSCN 溶液，出现红色证明有 Fe^{3+}生成。

b. 碱性介质。在一支试管中加入 2 mL 蒸馏水和 3 滴 6 mol/L H_2SO_4 溶液，煮沸以赶尽溶于其中的空气，然后加入少量硫酸亚铁铵晶体。在另一支试管中加入 3 mL 6 mol/L NaOH 溶液煮沸，冷却后，用长胶头滴管吸取 NaOH 溶液，插入 $(NH_4)_2Fe(SO_4)_2$ 溶液底部，慢慢挤出滴管中的 NaOH 溶液，观察产物的颜色和状态。振荡后放置一段时间，观察又有何变化。产物留作下面实验用。

(2) 钴(Ⅱ)的还原性。

a. 向盛有 1 mL 0.1 mol/L $CoCl_2$ 溶液的试管中加入氯水，观察有何变化。

b. 向盛有 1 mL 0.1 mol/L $CoCl_2$ 溶液的试管中滴入 0.2 mol/L NaOH 溶液，观察沉淀的生成。所得沉淀分为两份，一份置于空气中，留作下面实验用；另一份加入新配制的氯水，观察有无变化。

(3) 镍(Ⅱ)的还原性。

用 $NiSO_4$ 溶液按上述实验(2)a、b 的方法操作，观察现象，第二份留作下面实验用。

(4) 氢氧化物的性质。

将实验(1)、(2)、(3)中保留的氢氧化铁、氢氧化钴和氢氧化镍沉淀均加入浓 HCl，振荡后观察现象，并用淀粉碘化钾试纸检验放出的气体。

(5) 铁(Ⅲ)的氧化性。

在实验(4)制得的 $FeCl_3$ 溶液中加入 0.5 mol/L KI 溶液，再加入 CCl_4，振荡后观察现象，写出相应反应式。

4. 铁、钴配合物的生成

1) 相关原理

铁、钴、镍均具有较强的配位能力，可形成不同配位数的配合物。不同配合物表现出特殊的颜色，可以作为鉴定反应。同时，形成配合物后，电极电势降低，使配合物的氧化性减弱。

2) 实验内容

(1) 铁的配合物。

a. Fe^{2+}的鉴定。取 1 滴 0.1 mol/L $FeSO_4$ 溶液于白色滴板上，加 1 滴 2 mol/L HCl 及 1 滴 0.1 mol/L $K_3[Fe(CN)_6]$溶液，出现蓝色沉淀，示有 Fe^{2+}。

b. Fe^{3+}的鉴定。取 1 滴 0.1 mol/L $FeCl_3$ 溶液于白色滴板上，加 1 滴 2 mol/L HCl 及 1 滴 0.1 mol/L $K_4[Fe(CN)_6]$溶液，出现蓝色沉淀，示有 Fe^{3+}。

(2) 钴的配合物。

a. 向盛有 1 mL 0.1 mol/L $CoCl_2$ 溶液的试管中加入少量硫氰酸钾固体，观察固体周围的颜色。再加入 0.5 mL 戊醇和 0.5 mL 乙醚，振荡后观察水相和有机相的颜色。这个反应可用来鉴定 Co^{2+}。

b. 向盛有 0.5 mL 0.1 mol/L $CoCl_2$ 溶液的试管中滴加浓 $NH_3 \cdot H_2O$ 至生成的沉淀刚好溶解为止，静置一段时间，观察溶液的颜色有何变化。

注意：$[Co(NH_3)_6]^{2+}$不稳定，易氧化成$[Co(NH_3)_6]^{3+}$。

(3) 镍的配合物。

向 2 mL 0.1 mol/L $NiSO_4$ 溶液中滴加过量的 6 mol/L $NH_3 \cdot H_2O$ 溶液，观察现象。静置片刻，再观察现象。把溶液分为四份：第一份加入 2 mol/L NaOH 溶液，第二份加入 1 mol/L H_2SO_4 溶液，第三份加水稀释，第四份煮沸，观察有何变化。

五、实验习题

(1) 根据实验结果，设计一张 Cr 各种氧化态的转化关系图。

(2) 写出鉴定 Fe^{2+}、Fe^{3+}的其他方法。

(3) 制备 $Co(OH)_3$、$Ni(OH)_3$ 时，为什么要在碱性溶液中以 Co(Ⅱ)、Ni(Ⅱ)为原料进行氧化，而不用 Co(Ⅲ)、Ni(Ⅲ)直接制备？

六、拓展知识

打　铁　花

打铁花是一种大型民间传统焰火，是中国古代匠师在铸造器皿过程中发现的一种民俗文化表演技艺。始于北宋，盛于明清，流传于黄河中下游地区，至今已有千余年历史，是国家级非物质文化遗产之一。

打铁花的表演者手持两根“花棒”用力击打，“花棒”中的高温铁水击向长空后迅速转化为粉碎的微小颗粒，这些微小颗粒向上或向下飞舞的过程中碰击到放满新鲜柳枝的“花棚”，金花四射，流光溢彩，声震天宇。表演者在滚烫的铁水中穿行，难道不会被几千摄氏度的铁水烫伤吗？

打铁花有一套口诀：打白不打红，打快不打慢。“打白不打红”是指铁水呈红色时还比较黏稠，万一打不开“铁花”，铁水会变成火热的铁块掉下来，很可能伤人；而铁水温度达到 1700℃左右时呈白色，一打就会“铁花”四溅。“打快不打慢”则是指往空中打的过程中动作要干脆利落，动作慢了铁水掉落下来，表演者就有烧伤的危险。此外，不被烫伤的关键点在于要用尽全力击打，追求铁水的高和散，让铁水变成微小的铁屑在空中燃烧冷却，这样基本不会将人烫伤。打铁花多在冬季表演，因为冬天气温低，打开的铁花可以迅速降温，对表演者而言更为安全。但是要做到不被烫伤，仍需要技巧和反复练习。

打铁花体现出浓厚的中华祈福祭祀文化习俗。图 4-6 是 2023 年春节期间四川省绵阳市街边打铁花表演。

图 4-6　打铁花表演

（执笔：于跃；图片提供：杨正豪；审定：朱宇萍）

实验十九　常见阴离子的分离与鉴定

一、实验目的

掌握常见阴离子、混合离子的分离和鉴定方法；了解常见阴离子的检出条件。

二、实验原理

ⅢA～ⅦA 族的 22 种非金属元素在形成化合物时常生成阴离子，阴离子可分为简单阴离子和复杂阴离子。简单阴离子只含有一种非金属元素，复杂阴离子是由两种或两种以上的元素构成的酸根或配离子。常见阴离子与常用试剂的反应见表 4-2。

表 4-2　常见阴离子与常用试剂的反应

试剂 / 离子	气体放出 (稀 H_2SO_4)	Ba^{2+} (中性或弱碱性)	Ag^+ (稀 HNO_3)	氧化性阴离子试验 KI(稀 H_2SO_4)	还原性阴离子试验	
					I_2-淀粉 (稀 H_2SO_4)	$KMnO_4$ (稀 H_2SO_4)
SO_4^{2-}		白色沉淀	*			
SO_3^{2-}	酸性气体	沉淀可溶于酸			反应	反应
$S_2O_3^{2-}$	气体+浑浊	*	沉淀转灰色		反应	反应
S^{2-}	酸性气体 (臭鸡蛋味)		黑色沉淀		反应	反应
CO_3^{2-}	酸性气体	沉淀可溶于酸				
PO_4^{3-}		沉淀可溶于酸				
AsO_4^{3-}		沉淀可溶于酸		反应		
SiO_3^{2-}	白色沉淀	白色沉淀				
Cl^-			白色沉淀			
Br^-			淡黄沉淀			反应
I^-			黄色沉淀			反应
CN^-	酸性气体		*		反应	反应
NO_2^-	酸性气体			反应		反应
NO_3^-				*		

*表示浓度大时才有反应。

由表 4-2 可见，阴离子有以下两个特点：阴离子在实验过程中容易发生变化，不易进行步骤繁多的系统分析；阴离子彼此共存的机会很少，且可利用的特效反应较多，故常采用分别分析法。

三、实验指导

1. 课前预习

(1) 常见阴离子中，有的与酸作用生成挥发性物质，有的与试剂作用生成沉淀，也有的呈现氧化还原性，利用以上性质对其鉴定、分离。

(2) 本实验操作涉及离心机、胶头滴管、滴瓶的使用。

(3) 写出各实验的反应方程式。

2. 课前思考

(1) 阴离子的分析特性主要有哪些？

(2) “NO_2^- 的鉴定”实验中，对氨基苯磺酸和 α-萘胺的滴加顺序能否更换？为什么？

(3) “SO_3^{2-} 的鉴定”实验中，为什么 $KMnO_4$ 溶液不能过量？

(4) 某工厂排放的废水中可能含有 NaCl 和 Na_2CO_3，如何检验其中是否含有 Cl^-和 CO_3^{2-}？

(5) 设计分离和鉴定 Cl^-、Br^-、I^-混合液的实验步骤。

3. 注意事项

(1) 适量取用试液，一般以 3～10 滴为宜。过多或过少对分离、鉴定均有一定影响。

(2) 固液分离时，沉淀剂的浓度和用量以保证被沉淀离子沉淀完全为宜。切忌用量太多，否则会引起较强的盐效应，反而增大沉淀的溶解度。

(3) 分离后的沉淀应用去离子水洗涤，以保证分离效果。

四、仪器和试剂

仪器：离心机、普通试管、离心试管、滴管、点滴板。

试剂：Na_2CO_3(1.0 mol/L)、HCl(6 mol/L)、HNO_3(6 mol/L、浓)、H_2SO_4(1 mol/L、2 mol/L、浓)、HAc(6 mol/L)、NaOH(2 mol/L)、$NH_3 \cdot H_2O$(6 mol/L)、H_2O_2(3%)、NO_3^-(0.1 mol/L)、NO_2^- (0.1 mol/L)、SO_4^{2-} (0.1 mol/L)、Ba^{2+}(0.1 mol/L)、SO_3^{2-} (0.5 mol/L)、

$KMnO_4$(0.01 mol/L)、$S_2O_3^{2-}$ (0.1 mol/L)、$AgNO_3$(0.1 mol/L)、PO_4^{3-} (1.0 mol/L)、S^{2-} (0.5 mol/L)、Cl^-(0.1 mol/L)、I^- (0.1 mol/L)、Br^-(0.1 mol/L)、$K_4[Fe(CN)_6]$(0.5 mol/L)、CCl_4、氯水、$ZnSO_4$(饱和)、$Ba(OH)_2$(饱和)、亚硝酰铁氰化钠(9%)、$FeSO_4$(s)、二苯胺、尿素、对氨基苯磺酸(1%)、α-萘胺(0.4%)、$(NH_4)_2MoO_4$(10%)、酒石酸、混合试液Ⅰ(SO_3^{2-} 、$S_2O_3^{2-}$ 、SO_4^{2-} 三种离子均为钠盐，其浓度都为 0.5 mol/L)、混合试液Ⅱ(Cl^-、Br^-、I^-三种离子均为钠盐，其浓度均为 0.5 mol/L)、$CdCO_3$(s)、锌粉。

材料：pH 试纸。

五、实验内容

1. 常见阴离子的鉴定

1) CO_3^{2-} 的鉴定

向离心试管中加入 10 滴 1.0 mol/L Na_2CO_3 溶液，用 pH 试纸测定其 pH，然后加入 10 滴 6 mol/L HCl 溶液，观察现象。将蘸有 $Ba(OH)_2$ 饱和溶液的玻璃棒伸入上述试管中，玻璃棒置于溶液上方，观察实验现象。

干扰离子：SO_3^{2-} 、$S_2O_3^{2-}$ 。

处理方法：先加入 3% H_2O_2 溶液氧化。

2) NO_3^- 的鉴定

方法一：取 2 滴 0.1 mol/L NO_3^- 于点滴板上，在溶液中央放一小粒 $FeSO_4$ 晶体，然后在晶体上加 1 滴浓 H_2SO_4。若晶体周围有棕色出现，示有 NO_3^- 存在。

$$3Fe^{2+} + NO_3^- + 4H^+ = 3Fe^{3+} + NO + 2H_2O$$

$$[Fe(H_2O)_6]^{2+} + NO = [Fe(NO)(H_2O)_5]^{2+}(\text{棕色}) + H_2O$$

方法二：向 H_2SO_4 酸化后的 NO_3^- 试液中加入二苯胺的浓 H_2SO_4 溶液，NO_3^- 存在时溶液变为深蓝色。此反应受 NO_2^- 的干扰，必须事先在酸性溶液中加入尿素，并加热使其分解。

$$2NO_2^- + CO(NH_2)_2 + 2H^+ = CO_2\uparrow + 2N_2\uparrow + 3H_2O$$

$$m = 0.5\ \mu g \qquad \rho_B = 10\ \mu g/mL$$

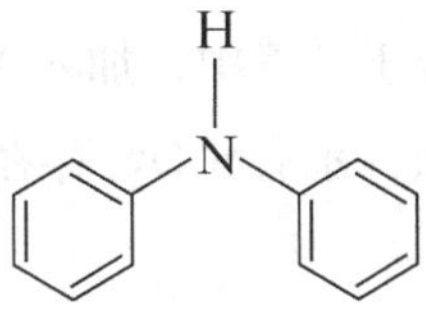

H
N

二苯胺

注意：二苯胺的浓 H_2SO_4 溶液遇硝酸盐产生苯胺蓝的蓝色沉淀，此法可鉴定硝酸盐。

3) NO_2^- 的鉴定

取 2 滴 0.1 mol/L NO_2^- 试液于点滴板上，加 1 滴 6 mol/L HAc 溶液酸化，再加 1 滴对氨基苯磺酸和 1 滴 α-萘胺，若有玫瑰红色出现，示有 NO_2^- 存在。这是鉴定 NO_2^- 的专属反应。

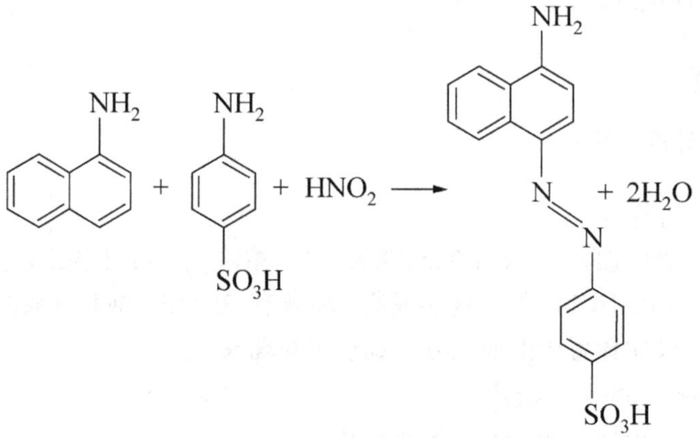

$$m = 0.01\ \mu g \qquad \rho_B = 0.2\ \mu g/mL$$

4) SO_4^{2-} 的鉴定

取 5 滴 0.1 mol/L SO_4^{2-} 试液于试管中，加 2 滴 6 mol/L HCl 溶液和 1 滴 0.1 mol/L Ba^{2+} 溶液，若有白色沉淀，示有 SO_4^{2-} 存在。

干扰离子：SO_3^{2-}、SiO_3^{2-}、$S_2O_3^{2-}$。

$$m = 5\ \mu g \qquad \rho_B = 100\ \mu g/mL$$

5) SO_3^{2-} 的鉴定

在盛有 5 滴 0.5 mol/L SO_3^{2-} 试液的试管中加入 2 滴 1 mol/L H_2SO_4 溶液，迅速加入 1 滴 0.01 mol/L $KMnO_4$ 溶液，若紫色褪去，示有 SO_3^{2-} 存在。

注意：$KMnO_4$ 溶液不能过量。

6) $S_2O_3^{2-}$ 的鉴定

取 3 滴 0.1 mol/L $S_2O_3^{2-}$ 试液于试管中，加入 10 滴 0.1 mol/L $AgNO_3$ 溶液，摇动，若有白色沉淀迅速变棕变黑，示有 $S_2O_3^{2-}$ 存在。

7) PO_4^{3-} 的鉴定

取 3 滴 1.0 mol/L PO_4^{3-} 试液于离心试管中，加 5 滴 6 mol/L HNO_3 溶液酸化后，

再加入 8～10 滴 10% $(NH_4)_2MoO_4$ 试剂，温热，若有黄色沉淀生成，示有 PO_4^{3-} 存在。

$$PO_4^{3-} + 3NH_4^+ + 12MoO_4^{2-} + 24H^+ = (NH_4)_3PO_4 \cdot 12MoO_3 \cdot 6H_2O\downarrow + 6H_2O$$

$$m = 1.25\ \mu g(P_2O_5) \qquad \rho_B = 25\ \mu g/mL$$

AsO_4^{3-} 或 SiO_3^{2-} 的干扰可以加酒石酸消除。使用玻璃器皿时，溶液中含有微量 SiO_3^{2-}，故在鉴定 PO_4^{3-} 时，无论是否已鉴定出 SiO_3^{2-}，都要采取消除 SiO_3^{2-} 干扰的措施。

$$m = 1.5\ \mu g(P_2O_5) \qquad \rho_B = 30\ \mu g/mL(\text{在 } SiO_3^{2-} \text{ 存在下})$$

8) S^{2-}的鉴定

取 1 滴 0.5 mol/L S^{2-}试液于离心试管中，加 1 滴 2 mol/L NaOH 溶液碱化，再加 1 滴 9%亚硝酰铁氰化钠{$Na_2[Fe(CN)_5NO]$}试剂，若溶液变成紫色，示有 S^{2-}存在。

$$4Na^+ + S^{2-} + [Fe(CN)_5NO]^{2-} = Na_4[Fe(CN)_5NOS]$$

$$m = 1\ \mu g \qquad \rho_B = 20\ \mu g/mL$$

9) Cl^-的鉴定

取 3 滴 0.1 mol/L Cl^-试液于离心试管中，加 1 滴 6 mol/L HNO_3 溶液酸化，再滴加 0.1 mol/L $AgNO_3$ 溶液。若有白色沉淀产生，初步说明试液中可能有 Cl^-存在。将离心试管置于水浴上微热，离心分离，弃去清液，向沉淀中加入 3～5 滴 6 mol/L $NH_3 \cdot H_2O$，用细玻璃棒搅拌，沉淀立即溶解，再加入 5 滴浓 HNO_3 酸化，若重新生成白色沉淀，示有 Cl^-存在。

10) I^-的鉴定

取 5 滴 0.1 mol/L I^-试液于离心试管中，加 2 滴 2 mol/L H_2SO_4 及 3 滴 CCl_4，然后逐滴加入氯水，并不断振荡试管，若 CCl_4 层呈现紫红色，然后褪至无色，示有 I^-存在。

11) Br^-的鉴定

取 5 滴 0.1 mol/L Br^-试液于离心试管中，加 3 滴 2 mol/L H_2SO_4 溶液及 2 滴 CCl_4，然后逐滴加入 5 滴氯水，并不断振荡试管，若 CCl_4 层呈现黄色或橙黄色，示有 Br^-存在。

2. 混合离子的分离和鉴定

1) S^{2-}、SO_3^{2-}、$S_2O_3^{2-}$ 混合液的分离和鉴定

在试管中分别加入几滴 Na_2SO_3、NaS_2O_3、Na_2S 溶液，按照图 4-7 进行分离鉴定。

取少量 S^{2-}、SO_3^{2-}、$S_2O_3^{2-}$ 混合试液，分为两部分。一部分试液加入 2 mol/L NaOH 溶液碱化，再加亚硝酰铁氰化钠，若有特殊紫红色产生，示有 S^{2-}存在。

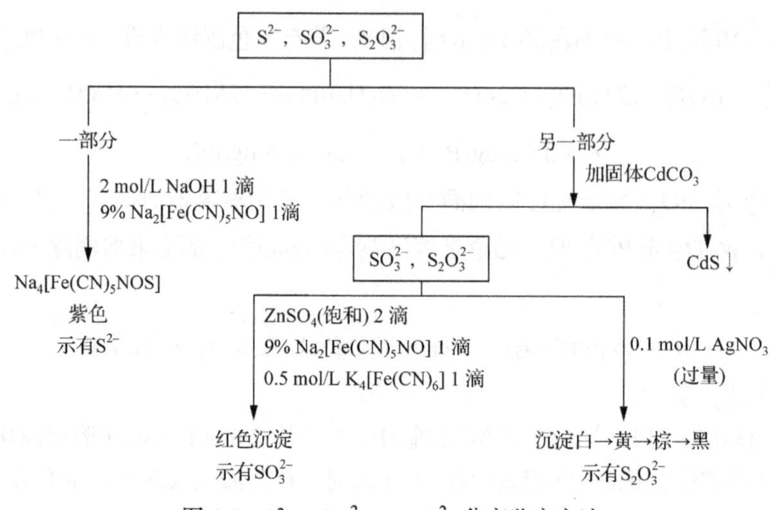

图 4-7　S^{2-}、SO_3^{2-}、$S_2O_3^{2-}$ 分离鉴定方法

另一部分试液鉴定SO_3^{2-}，$S_2O_3^{2-}$。试液中先加固体 $CdCO_3$ 除去 S^{2-}。再将混合试液分为两份，一份鉴定SO_3^{2-}，另一份鉴定$S_2O_3^{2-}$。再分别加入各离子的特效试剂，如图 4-7 所示。

2) Cl^-、Br^-、I^-混合液的分离和鉴定

自行设计分离方案和鉴定方法。

六、实验习题

(1) 取下列盐中的两种混合，加水溶解时有沉淀生成。将沉淀分成两份，一份溶于 HCl 溶液，另一份溶于 HNO_3 溶液。试指出下列哪两种盐混合时可能有此现象。

$BaCl_2$　$AgNO_3$　Na_2SO_4　$(NH_4)_2CO_3$　KCl

(2) 有一阴离子未知液，用稀 HNO_3 调节至酸性后，加入 $AgNO_3$ 试剂，发现并无沉淀生成，则可以确定有哪几种阴离子不存在？

七、拓展知识

阴离子的分析特性

分析鉴定混合阴离子时，一般是利用阴离子的分析特性进行初步试验，确定离子存在的可能性，然后进行个别离子的鉴定。阴离子的分析特性主要有：

(1) 低沸点酸和易分解酸的阴离子与酸作用放出气体或产生沉淀，利用产生气体的物理化学性质(表 4-2)，可初步推断阴离子CO_3^{2-}、SO_3^{2-}、$S_2O_3^{2-}$、S^{2-}、NO_2^-

是否存在。

(2) 除碱金属和NO_3^-、ClO_3^-、ClO_4^-、Ac^-等阴离子形成的盐易溶解外，其余的盐类大多数是难溶的。一般利用钡盐和银盐的溶解性差别，将常见的 15 种阴离子分为 3 组，见表 4-3。由此可确定整组离子是否存在。

表 4-3 常见阴离子分组

组别	组试剂	组内阴离子	特征
第一组	$BaCl_2$ (中性或弱碱性)	CO_3^{2-}、SO_4^{2-}、SO_3^{2-}、$S_2O_3^{2-}$、SiO_3^{2-}、PO_4^{3-}、AsO_4^{3-}、AsO_3^{3-}*	钡盐难溶于水(除 $BaSO_4$ 外其他钡盐溶于酸)；银盐溶于 HNO_3
第二组	$AgNO_3$ (稀、冷 HNO_3)	Cl^-、Br^-、I^-、S^{2-}	银盐难溶于水和稀 HNO_3(Ag_2S 溶于热 HNO_3)
第三组	无组试剂	NO_2^-、NO_3^-、Ac^-	钡盐和银盐都溶于水

*表示浓溶液中析出。

(3) 除 Ac^-、CO_3^{2-}、SO_4^{2-}和PO_4^{3-}外，绝大多数阴离子具有不同程度的氧化还原性，在溶液中可相互作用，改变离子原来的存在形式。在酸性溶液中，强还原性的阴离子SO_3^{2-}、$S_2O_3^{2-}$、S^{2-}可被I_2氧化。通过加入淀粉溶液后是否褪色，可判断这些阴离子是否存在。用强氧化剂 $KMnO_4$ 与之作用，若紫红色消失，则还可能有弱还原性阴离子 Br^-、I^-存在；若紫红色不消失，则上述还原性阴离子都不存在。Cl^-的还原性更弱，只有在Cl^-和H^+浓度较大时，Cl^-才能将$KMnO_4$还原。

(4) 在酸性溶液中氧化性阴离子NO_2^-可氧化I^-成为I_2，使淀粉溶液变蓝，用CCl_4萃取后，CCl_4层呈现紫红色，而NO_3^-只有浓度大时才有类似反应。AsO_4^{3-}氧化I^-成为I_2的反应是可逆的，在中性或弱碱性时，I_2能氧化AsO_3^{3-}生成AsO_4^{3-}。

根据以上阴离子的分析特性进行初步试验，可以对试液中可能存在的阴离子作出判断，然后根据离子性质的差异和特征反应进行分别鉴定。

(执笔：朱宇萍；审定：覃松)

实验二十 常见阳离子的分离与鉴定

一、实验目的

进一步掌握金属元素及其化合物的化学性质；了解常见阳离子混合液的分离和检出方法；巩固检出离子的操作。

二、实验原理

常见阳离子与常用试剂的反应见表 4-4。

三、实验指导

1. 课前预习

写出本实验中常见阳离子分别鉴定的相关反应方程式；巩固混合溶液分离鉴定的方法。

2. 课前思考

(1) Al^{3+}、Fe^{3+}、Fe^{2+}、Co^{2+}、Zn^{2+}、Mn^{2+}中，哪些离子的氢氧化物具有两性？哪些离子的氢氧化物不稳定？哪些能与氨生成氨配合物？

(2) “Na^{+}的鉴定”实验中，为什么要用玻璃棒摩擦试管壁？还有其他鉴定方法吗？

(3) 离子的分离方法有哪些？

3. 注意事项

(1) 看清楚试剂瓶上的标签再取用试剂，取用后，应立即将胶头滴管放回原试剂瓶。

(2) 沉淀剂的浓度和用量应适当，以保证被沉淀离子沉淀完全，同时不影响其他离子的分离与鉴定。

(3) 沉淀分离后，所需的清液用滴管小心地吸出放于另一支干净试管中备用。

四、仪器和试剂

仪器：离心机、普通试管、离心试管、烧杯、点滴板、玻璃棒。

试剂：混合试液(Ag^{+}、Hg^{2+}、Pb^{2+}、Cu^{2+}、Fe^{3+}、Al^{3+}、Ba^{2+}七种离子均为硝酸盐，其浓度都为 0.5 mol/L)、H_2SO_4 (6 mol/L)、HCl (2 mol/L、6 mol/L、浓)、NaOH (6 mol/L)、HAc (2 mol/L、6 mol/L)、HNO_3 (6 mol/L)、$NH_3 \cdot H_2O$ (6 mol/L)、NaCl(1 mol/L)、KCl (1 mol/L)、$MgCl_2$ (0.5 mol/L)、$CaCl_2$(0.5 mol/L)、$BaCl_2$ (0.5 mol/L)、NaAc(2 mol/L)、K_2CrO_4 (1 mol/L)、$AlCl_3$(0.5 mol/L)、$SnCl_2$(0.5 mol/L)、$Pb(NO_3)_2$ (0.5 mol/L)、$SbCl_3$(0.1 mol/L)、$Bi(NO_3)_3$(0.1 mol/L)、$CuCl_2$ (0.5 mol/L)、$K_4[Fe(CN)_6]$ (0.5 mol/L)、$AgNO_3$ (0.1 mol/L)、$ZnSO_4$(0.2 mol/L)、$Cd(NO_3)_2$(0.2 mol/L)、$HgCl_2$ (0.1 mol/L)、Na_2S (0.5 mol/L)、乙酸铀酰锌(饱和)、$NaHC_4H_4O_6$(饱和)、酒石酸锑钾(饱和)、$(NH_4)_2C_2O_4$(饱和)、Na_2CO_3(饱和)、镁试剂、铝试剂(0.1%)、苯、罗丹明 B、硫脲(2.5%)、$(NH_4)_2[Hg(SCN)_4]$试剂、亚硝酸钠(s)。

表 4-4　常见阳离子与常用试剂的反应

离子 试剂	HCl	H_2S (0.2～0.6 mol/L HCl)	硫化物沉淀加 Na_2S	$(NH_4)_2S$	$(NH_4)_2CO_3$	NaOH		NH_3		H_2SO_4
						适量	过量	适量	过量	
Ag^+	$AgCl\downarrow$ 白	$Ag_2S\downarrow$ 黑	不溶	$Ag_2S\downarrow$ 黑	$Ag_2CO_3\downarrow$ 白 过量试剂→ $[Ag(NH_3)_2]^+$	$Ag_2O\downarrow$ 褐	不溶	$Ag_2O\downarrow$ 褐	$[Ag(NH_3)_2]^+$	$Ag_2SO_4\downarrow$ 白 Ag^+浓度大时析出
Hg_2^{2+}	$Hg_2Cl_2\downarrow$ 白	$HgS\downarrow+Hg\downarrow$ 黑	$HgS_2^{2-}+Hg\downarrow$	$HgS\downarrow+Hg\downarrow$ 黑	$Hg_2CO_3\downarrow$ 淡黄→ $HgO\downarrow+Hg\downarrow$ 黑	$Hg_2O\downarrow$ 黑	不溶	$NH_2HgCl\downarrow$ 白 $+Hg\downarrow$ 黑	不溶	$Hg_2SO_4\downarrow$ 白
Pb^{2+}	$PbCl_2\downarrow$ 白	$PbS\downarrow$ 黑	不溶	$PbS\downarrow$ 黑	碱式盐↓白	$Pb(OH)_2\downarrow$ 白	PbO_2^{2-}	$Pb(OH)_2\downarrow$ 白	不溶	$PbSO_4\downarrow$ 白
Bi^{3+}		$Bi_2S_3\downarrow$ 暗褐	不溶	$Bi_2S_3\downarrow$ 暗褐	碱式盐↓白	$Bi(OH)_3\downarrow$ 白	不溶	$Bi(OH)_3\downarrow$ 白	不溶	
Cu^{2+}		$CuS\downarrow$ 黑	不溶	$CuS\downarrow$ 黑	碱式盐↓浅蓝	$Cu(OH)_2\downarrow$ 浅蓝	部分 CuO_2^{2-}	$Cu(OH)_2\downarrow$ 浅蓝	$[Cu(NH_3)_4]^{2+}$	
Cd^{2+}		$CdS\downarrow$ 亮黄	不溶	$CdS\downarrow$ 亮黄	碱式盐↓白	$Cd(OH)_2\downarrow$ 白	不溶	$Cd(OH)_2\downarrow$ 白	$[Cd(NH_3)_4]^{2+}$	
Hg^{2+}		$HgS\downarrow$ 黑	不溶	$HgS\downarrow$ 黑	碱式盐↓白	$HgO\downarrow$ 黄	不溶	$NH_2HgCl\downarrow$ 白	不溶	
As^{3+}		$As_2S_3\downarrow$ 黄	AsS_3^{3-}	AsS_3^{3-}						
Sb^{3+}		$Sb_2S_3\downarrow$ 橙	SbS_3^{3-}	$Sb_2S_3\downarrow$ 橙	$HSbO_2\downarrow$ 白	$HSbO_2\downarrow$ 白	SbO_2^{2-}	$HSbO_2\downarrow$ 白	不溶	
Sn^{2+}		$SnS\downarrow$ 褐	不溶	$SnS\downarrow$ 褐	$Sn(OH)_2\downarrow$ 白	$Sn(OH)_2\downarrow$ 白	SnO_2^{2-}	$Sn(OH)_2\downarrow$ 白	不溶	
Sn^{4+}		$SnS_2\downarrow$ 黄	SnS_3^{2-}	$SnS_2\downarrow$ 黄	$Sn(OH)_4\downarrow$ 白	$Sn(OH)_4\downarrow$ 白	SnO_3^{2-}	$Sn(OH)_4\downarrow$ 白	不溶	
Al^{3+}				$Al(OH)_3\downarrow$ 白	$Al(OH)_3\downarrow$ 白	$Al(OH)_3\downarrow$ 白	AlO_2^-	$Al(OH)_3\downarrow$ 白	不溶	
Cr^{3+}				$Cr(OH)_3\downarrow$ 灰绿	$Cr(OH)_3\downarrow$ 灰绿	$Cr(OH)_3\downarrow$ 灰绿	CrO_2^- 亮绿	$Cr(OH)_3\downarrow$ 灰绿	部分溶解	

续表

离子 试剂	HCl	H_2S (0.2～0.6 mol/L HCl)	硫化物沉淀加 Na_2S	$(NH_4)_2S$	$(NH_4)_2CO_3$	NaOH		NH_3		H_2SO_4
						适量	过量	适量	过量	
Fe^{3+}				Fe_2S_3↓+ FeS↓黑	碱式盐↓红褐	$Fe(OH)_3$↓红棕	不溶	$Fe(OH)_3$↓红棕	不溶	
Fe^{2+}				FeS↓黑	碱式盐↓绿渐变红棕	$Fe(OH)_2$↓ 绿渐变红棕	不溶	$Fe(OH)_2$↓ 绿渐变红棕	不溶	
Co^{2+}				CoS↓黑	碱式盐↓蓝紫	碱式盐↓蓝	$Co(OH)_3$↓粉红	碱式盐↓蓝	$[Co(NH_3)_6]^{2+}$ 土黄↓ $[Co(NH_3)_6]^{3+}$ 粉红	
Ni^{2+}				NiS↓黑	碱式盐↓浅绿	碱式盐↓浅绿	$Ni(OH)_2$↓绿	碱式盐↓ 浅绿	$[Ni(NH_3)_6]^{2+}$ 淡紫	
Zn^{2+}				ZnS↓白	碱式盐↓白	$Zn(OH)_2$↓ 白	ZnO_2^-	$Zn(OH)_2$↓白	$[Zn(NH_3)_4]^{2+}$	
Mn^{2+}				MnS↓肉色	$MnCO_3$↓白	$Mn(OH)_2$↓ 肉色变 棕褐色	不溶	$Mn(OH)_2$↓ 肉色变 棕褐色	不溶	
Ba^{2+}					$BaCO_3$↓白					$BaSO_4$↓白
Sr^{2+}					$SrCO_3$↓白				不溶	$SrSO_4$↓白
Ca^{2+}					$CaCO_3$↓白	少量 $Ca(OH)_2$ ↓白	不溶	碱式盐↓蓝		$CaSO_4$↓白
Mg^{2+}					碱式盐↓ NH_4^+ 浓度大时 不沉淀	$Mg(OH)_2$↓白	$Ni(OH)_2$↓绿	部分 $Mg(OH)_2$ ↓白	不溶	

五、实验内容

1. 碱金属和碱土金属离子的鉴定

1) Na^+的鉴定

在盛有 0.5 mL 1 mol/L NaCl 溶液的试管中加入 5 滴乙酸铀酰锌饱和溶液，用玻璃棒摩擦试管壁，若有柠檬黄色结晶形沉淀生成，则示有 Na^+存在。

$$Na^+ + Zn^{2+} + 3UO_2^{2+} + 9Ac^- + 9H_2O = NaAc \cdot Zn(Ac)_2 \cdot 3UO_2(Ac)_2 \cdot 9H_2O \downarrow$$

$$m = 12.5\ \mu g \qquad \rho_B = 250\ \mu g/mL$$

注意：产物晶体的溶解度较大，且易形成过饱和溶液。可加入适量乙醇，降低它的溶解度。

2) K^+的鉴定

在盛有 0.5 mL 1 mol/L KCl 溶液的试管中加入 0.5 mL 酒石酸氢钠($NaHC_4H_4O_6$)饱和溶液，若有白色沉淀生成，示有 K^+存在。若无沉淀产生，可用玻璃棒摩擦试管内壁，静置片刻，观察现象。

$$K^+ + HC_4H_4O_6^- = KHC_4H_4O_6 \downarrow$$

3) Mg^{2+}的鉴定

在盛有 2 滴 0.5 mol/L $MgCl_2$ 溶液的试管中滴加 6 mol/L NaOH 溶液，直到白色絮状沉淀产生为止；然后加入 1 滴镁试剂，搅拌，若生成蓝色沉淀，示有 Mg^{2+}存在。

$$m = 0.5\ \mu g \qquad \rho_B = 10\ \mu g/mL$$

4) Ca^{2+}的鉴定

在盛有 0.5 mL 0.5 mol/L $CaCl_2$ 溶液的离心试管中滴加 10 滴草酸铵饱和溶液，有白色沉淀生成。离心分离，弃去清液。若白色沉淀不溶于 6 mol/L HAc 溶液而溶于 2 mol/L HCl 溶液，示有 Ca^{2+}存在。

干扰离子 Ba^{2+}存在时，可在溶液中加入$(NH_4)_2SO_4$饱和溶液。

$$m = 1\ \mu g \qquad \rho_B = 20\ \mu g/mL$$

5) Ba^{2+}的鉴定

在盛有 2 滴 0.5 mol/L $BaCl_2$ 溶液的离心试管中加入 2 mol/L HAc 溶液和 2 mol/L NaAc 溶液各 2 滴，然后加 2 滴 1 mol/L K_2CrO_4 溶液，若有黄色沉淀生成，示有 Ba^{2+}存在。

$$m = 3.5\ \mu g \qquad \rho_B = 70\ \mu g/mL$$

2. p 区和 ds 区部分金属离子的鉴定

1) Al^{3+}的鉴定

取 5 滴 0.5 mol/L $AlCl_3$ 溶液于小试管中，加 2 滴水、2 滴 2 mol/L HAc 溶液及

2滴0.1%铝试剂，搅拌后，置于水浴上加热片刻，再加入1～2滴6 mol/L $NH_3 \cdot H_2O$，若有红色絮状沉淀生成，示有Al^{3+}存在。

$$m = 0.16\ \mu g \qquad \rho_B = 3\ \mu g/mL$$

铝试剂又称金黄色素三羧酸铵，化学名称为 3-[二(3-羧基-4-羟基苯基)亚甲基]-6-氧-1,4-环己烯-1-羧酸三铵。结构式如下：

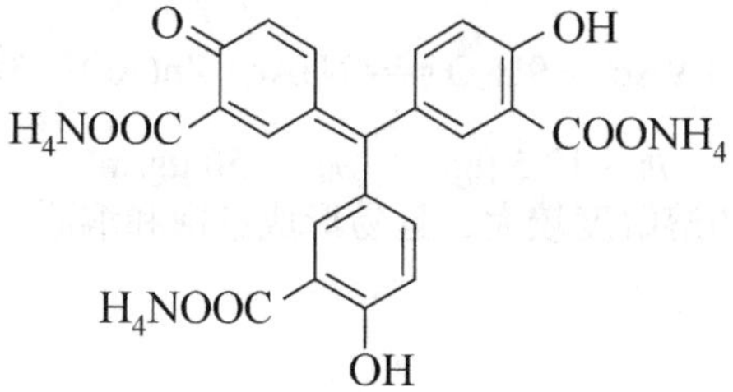

O　OH
H_4NOOC　$COONH_4$
H_4NOOC
OH

2) Sn^{2+}的鉴定

取5滴0.5 mol/L $SnCl_2$溶液于小试管中，逐滴加入0.1 mol/L $HgCl_2$溶液，边加边振荡，若产生的沉淀由白色变为灰色，然后变为黑色，示有Sn^{2+}存在。

$$m = 0.6\ \mu g \qquad \rho_B = 12.5\ \mu g/mL$$

3) Pb^{2+}的鉴定

取2滴0.5 mol/L $Pb(NO_3)_2$溶液于小试管中，加2滴1 mol/L K_2CrO_4溶液，若有黄色沉淀产生，向沉淀加数滴6 mol/L NaOH溶液，若沉淀溶解，示有Pb^{2+}存在。

$$m = 0.25\ \mu g \qquad \rho_B = 5\ \mu g/mL$$

4) Sb^{3+}的鉴定

取5滴0.1 mol/L $SbCl_3$试液于离心试管中，加3滴浓HCl及数粒亚硝酸钠，将Sb(Ⅲ)氧化为Sb(Ⅴ)，当无气体放出时，加数滴苯及2滴罗丹明B溶液，苯层显紫色，示有Sb^{3+}存在。

$$SbCl_3 + 3HCl(\text{浓}) = H_3SbCl_6$$

$$[SbCl_6]^{3-} + 2NaNO_2 + 4H^+ = [SbCl_6]^- + 2NO\uparrow + 2H_2O + 2Na^+$$

$$[SbCl_6]^- + \text{罗丹明B} \longrightarrow \text{紫色离子缔合物}$$

罗丹明B结构式如下：

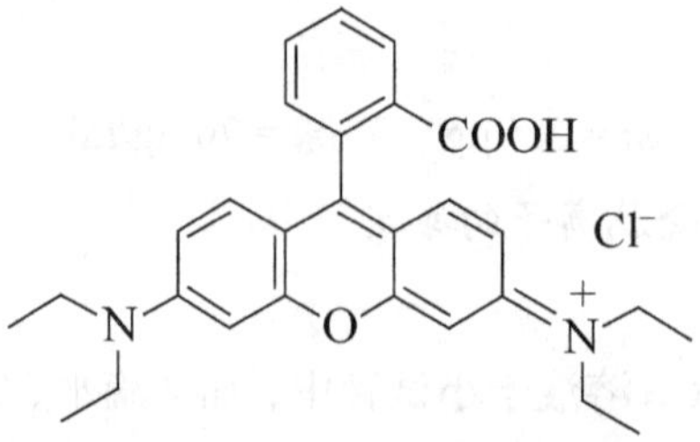

COOH
Cl^-
N　O　$\overset{+}{N}$

5) Bi^{3+}的鉴定

取 1 滴 0.1 mol/L $Bi(NO_3)_3$溶液于试管中，加 1 滴 2.5%硫脲，若生成鲜黄色配合物，示有 Bi^{3+}。

$$Bi^{3+} + CS(NH_2)_2 = Bi[CS(NH_2)_2]^{3+}$$

6) Cu^{2+}的鉴定

取 1 滴 0.5 mol/L $CuCl_2$溶液于小试管中，加 1 滴 6 mol/L HAc 溶液酸化，再加 1 滴 0.5 mol/L $K_4[Fe(CN)_6]$溶液，若有红棕色沉淀产生，示有 Cu^{2+}存在。

$$2Cu^{2+} + [Fe(CN)_6]^{4-} = Cu_2[Fe(CN)_6]\downarrow$$

$$m = 3\ \mu g \qquad \rho_B = 61\ \mu g/mL$$

7) Ag^+的鉴定

取 5 滴 0.1 mol/L $AgNO_3$溶液于小试管中，加 5 滴 2 mol/L HCl 溶液，产生白色沉淀，在沉淀上滴加 6 mol/L $NH_3 \cdot H_2O$ 至沉淀完全溶解。此溶液再用 6 mol/L HNO_3溶液酸化，若产生白色沉淀，示有 Ag^+存在。

$$m = 0.5\ \mu g \qquad \rho_B = 10\ \mu g/mL$$

8) Zn^{2+}的鉴定

取 3 滴 0.2 mol/L $ZnSO_4$溶液于小试管中，加 2 滴 2 mol/L HAc 溶液酸化，再加 3 滴硫氰酸汞铵$(NH_4)_2[Hg(SCN)_4]$试剂，摩擦试管内壁，若有白色沉淀产生，示有 Zn^{2+}存在。

$$Zn^{2+} + [Hg(SCN)_4]^{2-} = Zn[Hg(SCN)_4]\downarrow$$

干扰离子 Fe^{3+}存在时，可加 NH_4F 掩蔽。

$$m = 0.5\ \mu g \qquad \rho_B = 10\ \mu g/mL$$

9) Cd^{2+}的鉴定

取 3 滴 0.2 mol/L $Cd(NO_3)_2$溶液于小试管中，加 2 滴 0.5 mol/L Na_2S 溶液，若有亮黄色沉淀产生，示有 Cd^{2+}存在。

$$m = 5\ \mu g \qquad \rho_B = 100\ \mu g/mL$$

10) Hg^{2+}的鉴定

取 2 滴 0.1 mol/L $HgCl_2$溶液于小试管中，逐滴加 0.5 mol/L $SnCl_2$溶液，边加边振荡，观察沉淀颜色的变化过程，若由白色变灰色，最后变为灰黑色，示有 Hg^{2+}存在。

$$m = 1\ \mu g \qquad \rho_B = 20\ \mu g/mL$$

3. 部分混合离子的分离和鉴定

混合试液：Ag^+ 2 滴，Cd^{2+}、Al^{3+}、Na^+、Ba^{2+}试液各 5 滴，加到离心试管中，混合均匀，按图 4-8 进行分离和鉴定。

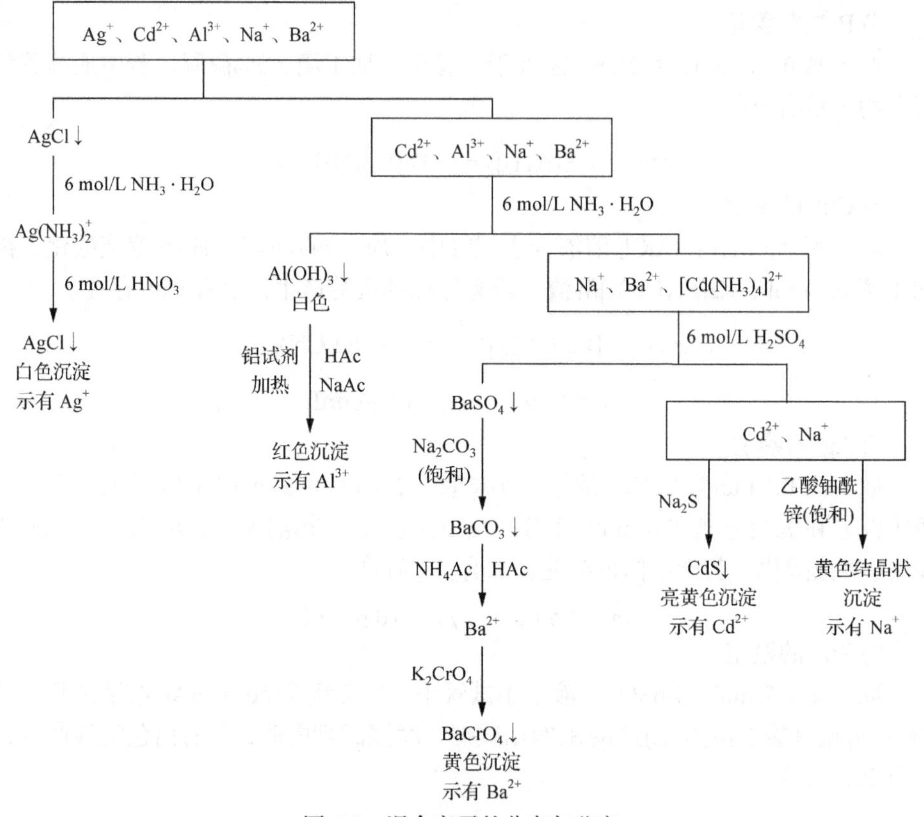

图 4-8　混合离子的分离与鉴定

1) Ag^+的分离和鉴定

在混合试液中加 1 滴 6 mol/L HCl 溶液，充分振荡，在沉淀生成时再加 1 滴 6 mol/L HCl 溶液至沉淀完成，搅拌片刻，离心分离，将上层清液移到另一支离心试管中，留作实验 2)用。沉淀用 1 滴 6 mol/L HCl 溶液和 10 滴蒸馏水洗涤，离心分离，洗涤液并入上面的清液中。向沉淀加入 2～3 滴 6 mol/L $NH_3 \cdot H_2O$，搅拌使其溶解，在所得清液中加入 1～2 滴 6 mol/L HNO_3溶液酸化，若有白色沉淀析出，示有 Ag^+存在。

2) Al^{3+}的分离和鉴定

向实验 1)的清液中滴加 6 mol/L $NH_3 \cdot H_2O$ 至显碱性，搅拌片刻，离心分离，将清液转移到另一支离心试管中，留作实验 3)用。向沉淀分别加入 2 mol/L HAc 和 NaAc 各 2 滴，再加入 2 滴铝试剂，搅拌后微热，若产生红色沉淀，示有 Al^{3+}存在。

3) Ba^{2+}的分离和鉴定

向实验 2)的清液中滴加 6 mol/L H_2SO_4溶液至产生白色沉淀，再过量 2 滴，搅拌片刻，离心分离，将清液转至另一支试管，留作实验 4)用。沉淀用 10 滴热蒸馏水洗涤，离心分离，洗涤液并入上面的清液中。在沉淀中加入 Na_2CO_3 饱和溶液 3～4 滴，搅拌片刻，再加入 2 mol/L HAc 溶液和 2 mol/L NaAc 溶液各 3 滴，搅拌片刻，然后加入 1～2 滴 1 mol/L K_2CrO_4 溶液，若产生黄色沉淀，示有 Ba^{2+} 存在。

4) Cd^{2+}、Na^+ 的分离和鉴定

取少量实验 3)的清液于一支试管中，加入 2～3 滴 0.5 mol/L Na_2S 溶液，若产生亮黄色沉淀，示有 Cd^{2+} 存在。

另取少量实验 3)中的清液于另一支试管中，加入几滴酒石酸锑钾饱和溶液，若产生白色结晶状沉淀，示有 Na^+ 存在。

六、实验习题

(1) 在未知溶液分析中，当由碳酸盐制备铬酸盐沉淀时，为什么用乙酸溶液溶解碳酸盐沉淀，而不用强酸(如盐酸)溶解？

(2) 解释 Hg^{2+} 鉴定中的颜色变化。

(3) 设计分离、鉴定以下混合阳离子的实验方案。

Sn(Ⅳ)、Mn^{2+}、Co^{2+}、K^+、NH_4^+

七、拓展知识

生物体内各种金属离子的作用

Ca：人体缺乏会患骨软化病，血液中 Ca^{2+} 含量低会引起抽搐，过高则会引起肌无力。

Fe：血红蛋白的组成成分，缺 Fe 会患缺铁性贫血。

Mg：叶绿体的组成元素。很多酶的激活剂，植物缺 Mg 时老叶易出现叶脉失绿。

B：促进花粉的萌发和花粉管的伸长，植物缺 B 会出现花而不实的现象。

I：甲状腺激素的成分，缺 I 幼儿会患呆小症，成人会患地方性甲状腺疾病。

K：血钾含量过低时，会出现心肌的自动节律异常，并导致心律失常。

N：构成叶绿素、蛋白质和核酸的必需元素。动物体内缺 N，实际就是缺少氨基酸，会影响动物体的生长发育。

P：构成磷脂、核酸和 ATP 的必需元素。植物体内缺 P，会影响 DNA 的复制和 RNA 的转录，从而影响植物的生长发育。植物缺 P 时，老叶易出现茎叶暗绿或呈紫红色，生育期延迟。

Zn：某些酶的组成成分。

(执笔：朱宇萍；审定：覃松)

第5章　综合性和设计性实验

前面几章的实验项目是按照给定的实验原理、实验内容完成实验操作，主要训练基础实验操作和基本技能。本章的实验项目为综合性和设计性实验。开设综合性实验的目的在于培养综合分析能力、实验动手能力、数据处理能力及查阅文献资料的能力；开设设计性实验的目的在于着重培养独立解决实际问题的能力、创新能力、组织管理能力和科研能力。

1. 综合性实验

综合性实验是在具有一定基础知识和基本技能的基础上，运用一门或多门课程的知识，综合训练实验技能和方法，是一种复合型实验。综合性实验的综合特征除实验内容综合外，还体现在实验方法的多元性、实验手段的多样性。

2. 设计性实验

设计性实验要求综合多门学科的知识和各种实验原理设计实验方案，是一种探索性实验。通常给定实验题目、目的、要求和实验条件，在教师的指导下由学生自行设计实验方案，选择实验方法和实验仪器，拟定实验步骤，完成实验，并对实验结果进行分析处理。

思考：综合性实验和设计性实验的区别。

(执笔：朱宇萍；审定：覃松)

实验二十一　混合碱中碳酸钠和碳酸氢钠含量的测定

一、实验目的

了解多元弱碱滴定过程中溶液 pH 的变化及指示剂的选择；掌握双指示剂法测定混合碱各组分的原理和方法；了解酸碱滴定法在碱度测定中的应用。

二、实验原理

混合碱是指 Na_2CO_3 和 $NaHCO_3$ 或 NaOH 和 Na_2CO_3 等类似的混合物。其各组分及总碱(以 Na_2O 表示)可用双指示剂法进行测定。

1. 由 Na_2CO_3 和 $NaHCO_3$ 组成的混合碱

先以酚酞作指示剂，用 HCl 标准溶液滴至溶液无色，此时 Na_2CO_3 只被滴定到 $NaHCO_3$，反应式如下：

$$Na_2CO_3 + HCl \Longrightarrow NaHCO_3 + NaCl$$

溶液颜色由红色变无色时为第一终点，记下所用 HCl 溶液的体积 V_1。

然后用溴甲酚绿-二甲基黄指示剂，继续用 HCl 滴至 $NaHCO_3$ 被完全中和，变为 CO_2 气体放出。过程的反应式如下：

$$NaHCO_3 + HCl \Longrightarrow NaCl + H_2O + CO_2\uparrow$$

溶液颜色由绿色变为亮黄色为第二终点，记下所用 HCl 溶液的体积 V_2。V_2 是滴定 $NaHCO_3$ 所消耗 HCl 溶液的体积，其中包括第一步 Na_2CO_3 被滴定生成的 $NaHCO_3$ 消耗的 HCl。

由反应式可以看出 $V_2 > V_1$，且 Na_2CO_3 消耗 HCl 标准溶液的体积为 $2V_1$，$NaHCO_3$ 消耗 HCl 标准溶液的体积为 $(V_2 - V_1)$，因此可根据以下公式求得混合碱中 Na_2CO_3 和 $NaHCO_3$ 的含量：

$$w_{Na_2CO_3} = \frac{c_{HCl}V_1\dfrac{M_{Na_2CO_3}}{1000}}{m}\times 100\%$$

$$w_{NaHCO_3} = \frac{c_{HCl}\times(V_2 - V_1)\times\dfrac{M_{NaHCO_3}}{1000}}{m}\times 100\%$$

$$w_{Na_2O} = \frac{\dfrac{1}{2}c_{HCl}\times V\times\dfrac{M_{Na_2O}}{1000}}{m}\times 100\%$$

式中，c 为 HCl 标准溶液的浓度；w 为物质的质量分数；m 为混合碱的质量(g)；V 为滴定时消耗 HCl 标准溶液的总体积(mL)。

2. 由 Na_2CO_3 和 NaOH 组成的混合碱

以上述同样方法进行测定，则 $V_1 > V_2$，且 Na_2CO_3 消耗 HCl 标准溶液的体积为 $2V_2$，NaOH 消耗 HCl 标准溶液的体积为 $(V_1 - V_2)$。

由以上讨论可知，若混合碱由未知试样组成，则可根据 V_1 与 V_2 的数据确定混合碱的组成，并计算出各组分的含量。

三、实验指导

1. 课前预习

查阅资料关于双指示剂法的应用；熟悉滴定、移液、定容等基本操作要领。

2. 课前思考

(1) 滴定时，局部酸过量会出现什么情况？
(2) $NaHCO_3$ 水溶液的 pH 与其浓度有无关系？
(3) 实验滴定到第二终点时应注意什么问题？

3. 注意事项

(1) 滴定时，酚酞指示剂可适量多加几滴，否则因滴定不完全而使 NaOH 的测定结果偏低，Na_2CO_3 的结果偏高。

(2) 用酚酞作指示剂时，摇动要均匀，滴定速度要慢，否则溶液中 HCl 局部过量，会与溶液中的 $NaHCO_3$ 发生反应，产生 CO_2，带来滴定误差；但滴定速度太慢，溶液会吸收空气中的 CO_2。

(3) 用甲基橙作指示剂时，CO_2 易形成过饱和溶液，酸度增大，使终点过早出现。因此，在滴定接近终点时，应剧烈地摇动溶液或加热，以除去过量的 CO_2，待冷却后再滴定。

四、仪器和试剂

仪器：酸式滴定管、电子天平、锥形瓶。

试剂：碱灰试样、酚酞指示剂、溴甲酚绿-二甲基黄指示剂、HCl 标准溶液 (0.1 mol/L)。

五、实验内容

准确称取 0.20 g 碱灰试样，置于 250 mL 锥形瓶中，加 50 mL 蒸馏水使其溶解，然后加 2 滴酚酞指示剂，溶液呈红色。用 0.1 mol/L HCl 标准溶液滴定至无色，记录所用 HCl 的体积(V_1)。

注意：滴定时要逐滴滴加，并不断摇动，以避免溶液中局部酸过量。

到达第一终点后，向溶液中加 9 滴溴甲酚绿-二甲基黄指示剂，溶液呈绿色，继续用 HCl 标准溶液滴定至溶液呈亮黄色。记录第二次所用 HCl 的体积(V_2)。平行滴定三次，计算碱灰中碳酸钠、碳酸氢钠和总碱的含量。

六、数据记录及处理

将实验数据和处理结果填入表 5-1。

表 5-1　混合碱的滴定

记录项目		1	2	3
样品质量/g				
HCl 用量/mL	初始读数			

续表

记录项目		1	2	3
HCl 用量/mL	第一终点读数			
	V_1			
HCl 用量/mL	第一终点读数			
	第二终点读数			
	V_2			
$w_{Na_2CO_3}$ /%				
平均值/%				
w_{NaHCO_3} /%				
平均值/%				
w_{Na_2O} /%				
平均值/%				

七、实验习题

(1) 计算总碱时，V有几种求法？如果只要求测定总碱量，实验应如何操作？

(2) 测定某碱灰样品时，若分别出现 $V_1 < V_2$、$V_1 = V_2$、$V_1 > V_2$、$V_1 = 0$、$V_2 = 0$ 等情况，说明样品的各组分是什么？

八、拓展知识

苏 打 与 酒

碳酸氢钠俗称苏打，西方人习惯在喝酒的时候加适当的苏打水来调节酒的口感。例如，威士忌加苏打水，威士忌的浓醇、馥郁配合苏打水的灵动、倔强，入口时，味蕾享受到的是一种前所未有的释放性乐趣。

苏打酒属于另类酒，新西兰称为 RTD(Ready-to-Drink，意为随时随地可以饮用)，是苏打水的一种，是调和酒加入二氧化碳，产生类似香槟酒的气泡，酒精度很低，类似啤酒。

苏打酒保持了“酒”的特色，却与一般啤酒有着诸多不同。主要有以下几个方面：

(1) 在口感上的标新立异。口味类型多样化，避免了一般啤酒在口感上近似单一化、差别不明显的特点。

(2) 在外形上的个性化。苏打酒往往在产品包装设计、外形识别上比一般啤酒更具个性和更显想象力。

(3) 苏打酒近似饮料，与啤酒相比，其饮用后不易涨肚子，有效降低了喝啤酒带来的许多麻烦。

(4) 苏打酒使酒类产品消费群趋于扩大化，特别是女性。

(执笔：王福海、朱宇萍；审定：苏布道)

实验二十二　离子鉴定和未知物的鉴别(设计性实验)

一、实验目的

运用所学的元素及化合物的基本性质，进行常见物质的鉴别或鉴定，进一步巩固常见阳离子和阴离子的理论知识。

二、实验原理

鉴定一个试样或鉴别一组未知物时，通常应从以下几个方面考虑。

1. 物态

(1) 固态要观察它的晶形。

(2) 观察试样的颜色。

(3) 嗅闻试样的气味。

2. 溶解性

首先试验是否溶于冷水、热水，若水中不溶解，再依次用盐酸(稀、浓)、硝酸(稀、浓)试验其溶解性。

3. 酸碱性

(1) 根据酸碱指示剂判断溶液的酸碱性。

(2) 可溶性盐可通过其水溶液判断酸碱性。

(3) 可利用试液的酸碱性排除某些离子是否存在。

4. 热稳定性

利用化合物(主要是一些含氧酸盐)受热分解温度的差异可以对未知物进行初步区分。

5. 鉴定或鉴别反应

通过初步实验确定未知液离子的范围(参考常见阴、阳离子与常见试剂的反应，以及焰色反应、硼砂珠实验)。利用物质性质的不同特点，根据溶液中离子共存情况，设计鉴定方案进行离子鉴定。

三、实验指导

1. 课前预习

根据实验室提供的试剂，设计实验方案，包括所需试剂、步骤；写出相关的反应方程式；在课堂上讨论方案的可行性后进行实验操作。

2. 注意事项

(1) 设计的实验方案应简便、可操作、环保。

(2) 在设计方案时，应考虑离子间共存、离子间干扰和所加试剂是否过量等问题。

(3) 不能向待测物质中直接加入试剂，而应取少量试样进行实验；若被测物是固体，实验又需要在溶液中进行，应选择合适的溶剂溶解，配成溶液后再进行检验。

(4) 不能把要检验的物质当作已知物来叙述实验现象。

(5) 对几种待测物质进行并列实验时，每进行一次实验都应取新溶液，避免已加试剂的干扰。

四、实验内容

(1) 区分两片银白色金属片：铝片和锌片。

(2) 鉴别四种黑色和接近黑色的氧化物：CuO、Co_2O_3、PbO_2、MnO_2。

(3) 未知水溶液中可能含有 Cr^{3+}、Ca^{2+}、Ag^+、Cu^{2+}、Ni^{2+}，设计实验方案，确定未知的溶液中有哪几种离子存在。

(4) 盛有下列 10 种硝酸盐的试剂瓶标签被腐蚀，试加以鉴别：$AgNO_3$、$Hg(NO_3)_2$、$Hg_2(NO_3)_2$、$Pb(NO_3)_2$、$NaNO_3$、$Cd(NO_3)_2$、$Zn(NO_3)_2$、$Al(NO_3)_3$、KNO_3、$Mn(NO_3)_2$。

(5) 盛有下列 10 种固体钠盐的试剂瓶标签脱落，试加以鉴别：$NaNO_3$、Na_2S、$Na_2S_2O_3$、Na_3PO_4、$NaCl$、Na_2CO_3、$NaHCO_3$、Na_2SO_4、$NaBr$、Na_2SO_3。

五、拓展知识

硼砂珠实验

硼砂珠实验是熔珠实验的一种，而熔珠实验是一种传统的对一些特定金属进行分析的实验，由瑞典化学家贝采利乌斯在 1812 年发明并推广。

1. 硼砂珠的制备

用 6 mol/L HCl 溶液清洗铂丝，然后置于氧化焰上灼烧片刻，取出后再浸入酸中，如此重复数次至铂丝在氧化焰中不产生离子特征颜色，表示铂丝已经洗净。将处理过的铂丝蘸硼砂固体，在氧化焰中灼烧并熔成无色圆珠，即得硼砂珠。

2. 用硼砂珠鉴定钴盐和铬盐

用灼热的硼砂珠蘸少量 $Co(NO_3)_2$ 晶体灼烧至熔融状态，冷却后观察。反应式如下：

$$2Na_2B_4O_7 + 2Co(NO_3)_2 = 2[2NaBO_2 \cdot Co(BO_2)_2] + 4NO_2\uparrow + O_2\uparrow$$

用另一灼热硼砂珠蘸少量的 $CrCl_3$ 灼烧，观察颜色。

3. 硼砂珠实验的反应实质

熔融状态下的 $Na_2B_4O_7$ 可看成 $2NaBO_2 \cdot B_2O_3$，故上述反应可看成是酸性氧化物 B_2O_3 与碱性氧化物反应生成盐的中和反应。例如：

$$3Na_2B_4O_7 + Co_2O_3 = 6NaBO_2 \cdot 2Co(BO_2)_3\ (\text{青色})$$

4. 几种金属的硼砂珠颜色

几种金属的硼砂珠颜色见表 5-2。

表 5-2　几种金属的硼砂珠颜色

样品元素	氧化焰		还原焰	
	热时	冷时	热时	冷时
铬	黄色	黄绿色	绿色	绿色
钼	淡黄色	无色～白色	褐色	褐色
锰	紫色	紫红色	无色～灰色	无色～灰色
铁	黄色～淡褐色	黄色～褐色	绿色	淡绿色
钴	青色	青色	青色	青色
镍	紫色	黄褐色	无色～灰色	无色～灰色
铜	绿色	青绿色～淡青色	灰色～绿色	红色

(执笔：朱宇萍；审定：覃松)

实验二十三　植物中几种元素的分离与鉴定(设计性实验)

一、实验目的

了解从植物中分离和鉴定某些化学元素的方法。

二、实验原理

植物中的有机体主要由C、H、O、N等元素组成，还含有P、I和某些金属元素如Ca、Mg、Al、Fe等。把植物烧成灰，用酸浸提，可从中分离和鉴定某些元素。

1. 植物中提取化学物质的基本方法

植物或动物体内均含有多种化学元素，这些元素在各类生物体内的含量和所起的作用各不相同。利用化学实验基本知识和技能，可分离和鉴定某些元素。本实验通过对原材料进行灰化、消化及分解等处理，分离和检出植物中的Ca、Mg、Al和Fe四种金属元素和P、I两种非金属元素。

1) 原料的采集

样品采集的一般原则是要具有代表性、典型性。植物体内易变化的成分用鲜样测定，如Mg^{2+}需要绿叶才能检出；不易变化的成分可用干样测定，如上述其他离子。防止样品处理过程中带来的各种污染；样品要适当洗涤，及时测定。

本实验选取的样品为枯叶、少量绿叶和海带。

2) 试样的提取

植物分解提取试样有干灰化法和湿消化法两类。

(1) 干灰化法。干灰化法包括灰化和浸取两个过程。

灰化过程是样品通过高温发生有机物脱水、分解、氧化、炭化(有机物热解使碳含量逐渐增加而形成几乎是纯炭产物的过程)和灰化(使炭化物转变为二氧化碳、水和灰，直至残留物为白色或浅灰色的无机成分)。灰化完成之后需要浸取，使待测元素以游离态定量转移至溶液中，再用仪器分析或化学分析的方法进行测定。浸取过程是通过选择适当溶剂或化学试剂将固体中的某些成分提取至溶液中。

注意：炭化和灰化应平稳和充分。原因在于：样品灼烧时，试样中的水分在高温下急剧蒸发，容易使试样飞扬；防止糖、蛋白质、淀粉等易发泡膨胀的物质在高温下发泡膨胀而溢出坩埚；防止直接灼烧时炭粒被包住，使灰化不完全。

(2) 湿消化法。湿消化法属于氧化分解法，是用单一酸、混合酸或与过氧化氢及其他氧化剂的混合液在一定温度下分解试样中的有机物，此过程也称为湿法消解。用于湿法消解的混合液包括硝酸-硫酸、硝酸-高氯酸、硝酸-高氯酸-硫酸、硫酸-过氧化氢、硝酸-过氧化氢等。湿法消解的优点是速度比干灰化法快，缺点是因加入大量试剂而引入杂质，因此应尽可能使用高纯度的试剂。

本实验选取高温干灰化法。

2. 各离子的鉴定反应

见本书各离子的鉴定实验。

三、实验指导

1. 课前准备

根据实验内容，自行设计实验方案。

2. 课前思考

Fe^{3+}对 Mg^{2+}、Al^{3+}鉴定均有干扰，可采用哪些方法排除干扰？

3. 注意事项

(1) 树叶样品可选择松枝、柏枝、茶叶等的任一种，鉴定 Ca、Mg、Al 和 Fe。

(2) 植物使用前洗净并剪成小块，以加速灰化。

(3) 灰化植物时注意有毒有害气体的排出，可适当用玻璃棒搅拌，防止局部焦糊。

(4) 灰化时注意防火、防烫伤。

四、仪器和试剂

仪器：蒸发皿、研钵、漏斗、石棉网、坩埚、泥三角、燃烧匙、镊子。

试剂：HCl(2 mol/L)、HNO_3(浓)、HAc(1 mol/L)、NaOH(2.0 mol/L)。鉴定 Ca^{2+}、Mg^{2+}、Al^{3+}、Fe^{3+}、PO_4^{3-}、I^-所用的试剂。

材料：树叶、海带、广范 pH 试纸。

五、实验内容

1. 鉴定 Ca^{2+}、Mg^{2+}、Al^{3+}和 Fe^{3+}

取约 5g 洗净、干燥的树叶(若为青叶，用量适当增加)放在蒸发皿中，在通风橱内加热使其炭化，继续加热至不再冒烟、原料完全变白为止，用研钵将植物灰研细。取一勺灰粉(约 0.5 g)，置于 10 mL 2 mol/L HCl 溶液中，温热并搅拌促使溶解，过滤。

自行拟定方案鉴定滤液中的 Ca^{2+}、Mg^{2+}、Al^{3+}、Fe^{3+}。

注意： 滤液中离子浓度较低，鉴定时取量不宜太少；Fe^{3+}对 Mg^{2+}、Al^{3+}鉴定均有干扰，鉴定前应予以分离。

2. 鉴定 PO_4^{3-}

用同样方法制得植物灰粉，取一勺溶于 2 mL 浓 HNO_3 中，温热并搅拌促使溶解，加 30 mL 水稀释、过滤。

自行拟定方案鉴定滤液中的 PO_4^{3-} 。

3. 海带中碘的测定

将海带用上述方法灰化后，取一勺溶于 5～10 滴 1 mol/L HAc 溶液中，温热并搅拌促使溶解，过滤。

自行拟定方案鉴定滤液中的 I^-。

注意：当用干灰化法直接灰化海带时，有部分碘会挥发损失，一般采用添加 KOH 或 Na_2CO_3 之类的固定剂，将试样进行碱灰化、熔融。即使如此，仍有少量碘损失。因此，应特别注意灰化温度、时间及固定剂的种类、数量等灰化条件。

六、实验习题

(1) 植物中还可能含有哪些元素？如何检验？

(2) 植物体中所含的元素是否都可以通过灰分提取液鉴定？为什么？

七、拓展知识

干灰化法分为两类：高温干灰化法、低温干灰化法。

(1) 高温干灰化法通常在马弗炉中进行，将盛有试样的坩埚置于马弗炉中，以大气中的氧气作为氧化剂，逐渐加热至高温(400～600℃)，使有机物完全分解，仅留下不挥发的无机残留物。对于液态或湿试样(如动物组织等)，一般先经 100～105℃干燥，除去水分及挥发性物质，再进行燃烧灰化。该方法简便，可同时处理大量样品。其最主要的缺点是少量金属元素(如 As、Sb、Ge、Ti、Hg)及非金属元素易挥发，造成部分或全部损失，因此需加入氧化剂作为灰化助剂以加速有机物的灰化，并防止待测元素的挥发。常用的灰化助剂有硫酸、硝酸、硝酸镁等。灰化过程中炉体材料及灰化助剂可能带入干扰，且炉壁在高温下对待测元素有吸附，因此高温灰化法不适用于超痕量金属元素的测定。

(2) 低温灰化法用于测定试样中超痕量金属元素及挥发性元素，为避免痕量元素的丢失和吸附，降低测定空白。该方法采用射频放电产生活性氧自由基，能在低温(低于 150℃)下氧化分解有机物质。该方法不会引起 Sb、As、Cs、Co、Cr、Fe、Pb、Mn、Mo、Se、Na 和 Zn 的损失，但灰化装置较贵，且由于激发的氧只作用于试样表面，灰化时间较长。

各种试样灰化的温度见表 5-3。

表 5-3　各种试样灰化的温度

名称	温度/℃	名称	温度/℃
蛋	150～250	根类蔬菜	200～325
肉	150～250	牧草	200～250
鱼	150～250	面粉	175～250

续表

名称	温度/℃	名称	温度/℃
水果(鲜)	175～325	干豆类	175～250
水果(罐头)	175～325	水果汁	175～225
牛奶	175～325	谷物	225～325
蔬菜(罐头)	175～225	通心粉	225～325
蔬菜(鲜)	175～225	面包	225～325

(执笔：苏布道、朱宇萍；审定：覃松)

实验二十四　三草酸合铁(Ⅲ)酸钾的制备与成分检测(综合性实验)

一、实验目的

掌握合成三草酸合铁(Ⅲ)酸钾的基本原理和方法；综合训练无机合成、滴定分析的基本操作；学习用高锰酸钾法测定 $C_2O_4^{2-}$ 与 Fe^{3+}的含量的方法；知道确定化合物组成的原理。

二、实验原理

三草酸合铁(Ⅲ)酸钾($K_3[Fe(C_2O_4)_3]\cdot 3H_2O$)为翠绿色单斜晶体，溶解度 0℃为 4.7 g/100 g，100℃为 117.7 g/100 g，难溶于乙醇、丙酮等有机溶剂。110℃下失去全部结晶水，成为 $K_3[Fe(C_2O_4)_3]$，230℃时分解。该配合物对光敏感，光照下即发生分解变为黄色。

$K_3[Fe(C_2O_4)_3]\cdot 3H_2O$ 的合成工艺有多种。本实验以硫酸亚铁铵和草酸钾为原料，通过氧化还原、沉淀、配位反应合成三草酸合铁(Ⅲ)酸钾。根据化学平衡理论，在实验中控制草酸和草酸钾的用量、草酸的加入方式、溶液的 pH 及反应温度等条件，可提高产物的产率。用 $KMnO_4$ 标准溶液在酸性介质中滴定测得草酸根的含量，可以确定配离子的组成。

1. 三草酸合铁(Ⅲ)酸钾的制备

$(NH_4)_2Fe(SO_4)_2$和 $H_2C_2O_4$发生反应生成 FeC_2O_4沉淀：

$$(NH_4)_2Fe(SO_4)_2 + H_2C_2O_4 + 2H_2O = FeC_2O_4\cdot 2H_2O\downarrow + (NH_4)_2SO_4 + H_2SO_4$$

再用 H_2O_2氧化 FeC_2O_4后与过量 $K_2C_2O_4$配位反应生成 $K_3[Fe(C_2O_4)_3]$，同时有 $Fe(OH)_3$沉淀生成：

$$6FeC_2O_4 \cdot 2H_2O + 3H_2O_2 + 6K_2C_2O_4 \longequal 2Fe(OH)_3 \downarrow + 4K_3[Fe(C_2O_4)_3] + 12H_2O$$

最后加入适量的 $H_2C_2O_4$，使 $Fe(OH)_3$ 沉淀转化为 $K_3[Fe(C_2O_4)_3]$：

$$2Fe(OH)_3 + 3H_2C_2O_4 + 3K_2C_2O_4 = 2K_3[Fe(C_2O_4)_3] + 6H_2O$$

总制备反应：

$$2FeC_2O_4 \cdot 2H_2O + H_2O_2 + 3K_2C_2O_4 + H_2C_2O_4 \xrightarrow{\triangle} 2K_3[Fe(C_2O_4)_3] \cdot 3H_2O$$

2. 三草酸合铁(Ⅲ)酸钾的组成测定

1) 重量分析法测定结晶水含量

称取一定量的 $K_3[Fe(C_2O_4)_3] \cdot 3H_2O$，在 110℃下干燥至恒量，根据失重情况可计算出结晶水的含量。

2) 高锰酸钾法测定草酸根含量

在酸性介质中，用已知浓度的 $KMnO_4$ 标准溶液滴定 $C_2O_4^{2-}$，由消耗 $KMnO_4$ 的量计算 $C_2O_4^{2-}$ 的含量。

$$5C_2O_4^{2-} + 2MnO_4^- + 16H^+ = 2Mn^{2+} + 10CO_2 + 6H_2O$$

3) 高锰酸钾法测定铁含量

先用过量锌粉将 Fe^{3+} 还原为 Fe^{2+}，再用 $KMnO_4$ 标准溶液滴定 Fe^{2+}。

$$Zn + 2Fe^{3+} = Zn^{2+} + 2Fe^{2+}$$

$$5Fe^{2+} + MnO_4^- + 8H^+ = Mn^{2+} + 5Fe^{3+} + 4H_2O$$

由消耗 $KMnO_4$ 的量计算 Fe^{3+} 的含量。

4) 确定钾含量

钾含量由 $K_3[Fe(C_2O_4)_3] \cdot 3H_2O$ 的总量减去结晶水、$C_2O_4^{2-}$ 和 Fe^{3+} 的含量得到。

三、实验指导

1. 课前预习

实验涉及称量、水浴加热、蒸发、浓缩、结晶、干燥、倾析、减压过滤等系列实验基本操作。

2. 课前思考

(1) 查阅文献，指出三草酸合铁(Ⅲ)酸钾有哪些用途。

(2) 制备 $K_3[Fe(C_2O_4)_3] \cdot 3H_2O$ 时，为什么反应中 $H_2C_2O_4$、$K_2C_2O_4$、H_2O_2 均要求过量?

(3) 制备 FeC_2O_4 过程中，加入 $H_2C_2O_4$ 溶液时为什么要加热至沸？滴完 H_2O_2

后为什么还要煮沸溶液？

(4) 合成产物的最后一步加入无水乙醇的作用是什么？

(5) 注意第二步反应(氧化-配位反应)中的条件控制和操作程序，试分析下列操作的意义：

a. 加入 H_2O_2 时强调缓慢滴加，且温度不得高于 40℃。

b. $K_2C_2O_4$ 需在加入 H_2O_2 前加入，而 $H_2C_2O_4$ 需在加入 H_2O_2 后加入。

c. 加入 $H_2C_2O_4$ 时分两次进行，且第二次要缓慢滴加。

(6) 能否用蒸干溶液的方法获得产物？为什么？用丙酮洗涤 $K_3[Fe(C_2O_4)_3] \cdot 3H_2O$ 的作用是什么？

3. 注意事项

(1) 在生成 FeC_2O_4 沉淀的步骤中，溶解 $(NH_4)_2Fe(SO_4)_2 \cdot 6H_2O$ 时应加入少量 H_2SO_4，防止 Fe(Ⅱ)水解和被氧化。

(2) FeC_2O_4 氧化过程中，H_2O_2 应为新配制且浓度为 6%。加 H_2O_2 的速度不能太快，否则 Fe^{2+} 未被完全氧化。充分氧化后，溶液微沸 2 min 以除去过量的 H_2O_2。

(3) 若配合后溶液不呈翠绿色，可调节 pH 使溶液呈翠绿色。当 pH 偏低时用 $K_2C_2O_4$ 调节，当 pH 偏高时用 $H_2C_2O_4$ 调节。若配合后溶液呈灰黄浑浊，可能是 Fe^{2+} 未被全部氧化为 Fe^{3+}，则需加过量的 H_2O_2 调节。

(4) 制备配合物时，加 H_2O_2 氧化温度不能太高，以手感温热为宜，温度太高 H_2O_2 易分解，温度太低反应速率太慢；驱赶 H_2O_2 可直接加热煮沸，但要不停搅拌，以防暴沸；草酸不能过量太多，否则在 $K_3[Fe(C_2O_4)_3] \cdot 3H_2O$ 晶体中会混有白色草酸晶体。

(5) 三草酸合铁(Ⅲ)酸钾晶体易溶于水，且溶解度随温度升高迅速增大，因此提高产量的关键是减小结晶母液体积，结晶时要做到充分冷却。

(6) 高锰酸钾标准溶液滴定 Fe^{3+} 或 $C_2O_4^{2-}$ 时，滴定速度不能太快，否则部分高锰酸钾会转变成二氧化锰沉淀。

(7) 减压过滤要操作规范，在抽滤过程中，勿用水冲洗黏附在烧杯和布氏漏斗上的少量绿色产品，否则将大大影响产量。

四、仪器和试剂

仪器：烧杯、量筒、布氏漏斗、抽滤瓶、真空泵、电子天平、容量瓶、锥形瓶、酸式滴定管、表面皿、温度计。

试剂：$(NH_4)_2Fe(SO_4)_2 \cdot 6H_2O$(s)、$H_2SO_4$(0.20 mol/L、1 mol/L、3 mol/L)、$H_2C_2O_4$(饱和)、$K_2C_2O_4$(饱和)、H_2O_2(6%，实验前新配制)、无水乙醇、乙醇-丙酮(1∶1)混合液、$KMnO_4$(0.0200 mol/L)、Zn 粉。

材料：热水、滤纸、pH 试纸。

五、实验内容

1. 三草酸合铁(Ⅲ)酸钾的制备

称取 5 g $(NH_4)_2Fe(SO_4)_2 \cdot 6H_2O$ 晶体于 100 mL 烧杯中，加入 15 mL 蒸馏水、5～6 滴 1 mol/L H_2SO_4 溶液，加热使其溶解。在不断搅拌下加入 25 mL $H_2C_2O_4$ 饱和溶液，搅拌加热至沸，迅速搅拌片刻后，停止加热，静置。待黄色晶体 $FeC_2O_4 \cdot 2H_2O$ 完全沉降后，倾去上层清液，加入 20 mL 蒸馏水洗涤晶体，搅拌并温热，静置，弃去上层清液，再加入 20 mL 蒸馏水，反复洗涤，直至洗净为止，即得黄色晶体草酸亚铁。

思考：上述产物如何检验是否洗净？

向草酸亚铁沉淀中加入 10 mL $K_2C_2O_4$ 饱和溶液，水浴加热并恒温维持 40℃以下，恒温下用胶头滴管缓慢滴加 10 mL 6% H_2O_2 溶液，边加边搅拌，至沉淀转为深棕色。加完后，检验 Fe^{2+}是否完全转化为 Fe^{3+}，若氧化不完全，可补加适量 H_2O_2(6%)溶液，直至氧化完全。将溶液加热至沸腾，加入 20 mL $H_2C_2O_4$ 饱和溶液，沉淀溶解至溶液变成透明的亮绿色。趁热抽滤，滤液转入 100 mL 烧杯中，加入 25 mL 无水乙醇混合，将溶液置于暗处冷却，结晶。晶体完全析出后，抽滤，用 10 mL 乙醇-丙酮混合液淋洒滤饼，抽干。将固体产品置于表面皿上，置于暗处晾干。称量，计算产率。产物避光保存。

2. 组成测定

1) 结晶水含量的测定

称量所制备的三草酸合铁(Ⅲ)酸钾晶体的质量，将一小部分晶体在 110℃下烘干 1 h 使其结晶水全部失去后，再称量其质量，两次质量差即得结晶水质量。将余下的产品在恒温干燥箱中 50～60℃干燥 1 h，置于干燥器中冷却至室温，备用。

2) 草酸根含量的测定

准确称取 1.0000 g 三草酸合铁(Ⅲ)酸钾，加入 25 mL 3 mol/L H_2SO_4 溶液酸化并溶解后，转移至 250 mL 容量瓶中，用水稀释至刻度。移取 25 mL 试液于锥形瓶中，同时加入 20 mL 3 mol/L H_2SO_4 溶液，在 70～80℃水浴中加热 5 min，趁热用 0.0200 mol/L $KMnO_4$ 标准溶液滴定至溶液呈浅粉色，且 30 s 不褪色即为终点。平行测定三次。

3) 三价铁离子含量的测定

向上述滴定后的每份溶液中加入 1.0 g Zn 粉、5.0 mL 3 mol/L H_2SO_4 溶液，振荡，加热至沸腾，至黄色消失，使 Fe^{3+}完全转化为 Fe^{2+}，趁热过滤除去过量的 Zn 粉，得滤液。用 0.20 mol/L H_2SO_4 溶液洗涤锥形瓶和沉淀，然后用 0.0200 mol/L

$KMnO_4$标准溶液滴定至溶液呈浅粉色，即为终点，记录消耗的$KMnO_4$标准溶液的体积。

4) 钾离子含量的测定

由上述测得的H_2O、$C_2O_4^{2-}$、Fe^{3+}的含量计算得到K^+的含量。

六、数据记录及处理

室温：________湿度：________大气压：________

1. 制备

$(NH_4)_2Fe(SO_4)_2 \cdot 6H_2O$ 的质量 m_1 =________ g

三草酸合铁(Ⅲ)酸钾的质量 m_2 =________ g

三草酸合铁(Ⅲ)酸钾的产率/% = (产品质量/理论产量) × 100% =________

三草酸合铁(Ⅲ)酸钾的外观：________________

计算过程：________________________

2. 测定

将组成测定的实验数据和计算结果填入表 5-4 和表 5-5 中。

表 5-4　草酸根含量的测定

内容		编号		
		1	2	3
消耗 $KMnO_4$ 体积	初读数/mL			
	终读数/mL			
	净用量 V/mL			
$c(C_2O_4^{2-})$ /(mol/L)				
平均浓度/(mol/L)				
偏差				
平均偏差				
$C_2O_4^{2-}$ 含量/%				

表 5-5　三价铁离子含量的测定

内容		编号		
		1	2	3
消耗 $KMnO_4$ 体积	初读数/mL			
	终读数/mL			
	净用量 V/mL			

续表

内容	编号		
	1	2	3
$c(Fe^{3+})$/(mol/L)			
平均浓度/(mol/L)			
偏差			
平均偏差			
Fe^{3+}含量/%			

七、实验习题

(1) 在制备过程中，试从以下几方面讨论对产品的性状、产率的影响：

a. 配合后溶液 pH 偏低，未用 $K_2C_2O_4$ 溶液调节。

b. $FeC_2O_4 \cdot 2H_2O$ 未被氧化完全。

c. 加热 $Fe(C_2O_4)_3$ 过程中溶液暴沸，飞溅。

d. 在抽滤过程中，用水冲洗黏附在烧杯和布氏漏斗上的少量产品。

e. 实验结果测得的样品含水量较大。

(2) 产品为什么要经过多次洗涤？洗涤不充分对其组成测定会产生什么影响？

(3) 测定三价铁离子含量时，为什么用硫酸洗涤锥形瓶和沉淀而不用水洗涤？

(4) 根据三草酸合铁(Ⅲ)酸钾的性质，应如何保存该化合物？

八、拓展知识

三草酸合铁(Ⅲ)酸钾

三草酸合铁(Ⅲ)酸钾是一种化学光敏材料，常以三水合物的形式存在，是制备负载型活性铁催化剂的主要原料，也是一些有机反应的催化剂。

近期研究表明，三草酸合铁(Ⅲ)酸钾是一种水溶性均相类芬顿(Fenton-like)催化剂。吸收 205～500 nm 太阳光后以高量子效率产生 Fe^{2+}，可催化氧化处理药物、染料废水，在水处理、水溶性染料的光降解中起着重要作用。另外，三草酸合铁(Ⅲ)酸钾具有很好的光敏性，可用于光强度的测定。因此，三草酸合铁(Ⅲ)酸钾具有重要的工业生产价值和广泛的应用前景。

(执笔：翟好英；审定：朱宇萍)

实验二十五　碱式碳酸铜的制备(设计性实验)

一、实验目的

通过查阅文献，探究碱式碳酸铜的制备方案，培养独立设计实验的能力；巩固无机制备实验的基本实验技能，提升综合实验能力；加深对课堂知识的理解，拓宽知识面，充分发挥主动性和创造性。

二、实验要求

围绕实验题目，查阅文献，了解试样的组成及含量范围；自行设计实验方案，优化实验条件；根据设计的方案，自行准备实验试剂和仪器、实施实验、记录实验数据。

三、实验指导

1. 课前预习

查阅如下文献资料，写出碱式碳酸铜的制备原理；分析生成物颜色、状态，研究反应物的合理配料比并确定制备方案。实验方案包括：实验原理、分析方法、实验仪器和试剂、实验具体步骤、实验结果、数据处理方法、参考文献。方案交予指导教师审核。

参考文献：

[1] 北京师范大学. 无机化学实验. 3版. 北京：高等教育出版社, 2007.
[2] 武汉大学化学与分子科学学院实验中心. 无机化学实验. 2版. 武汉：武汉大学出版社, 2012.
[3] 白广梅, 任海荣, 陈巍. 无机化学实验. 北京：中国石化出版社, 2021.
[4] 张万强, 陈新华, 宋伟玲, 等.《碱式碳酸铜的制备》学生实验方案的改进研究. 许昌学院学报, 2015, (5): 5.
[5] 王卫兵, 赵跃强, 孙鸿. 以硫酸铜为原料制备碱式碳酸铜的工艺条件研究. 应用化工, 2014, 43(7): 3.
[6] 宋力, 刘小玉, 王晓兰, 等. 碱式碳酸铜制备实验的改进探讨. 天津化工, 2010, 24(6): 30-32.

2. 课前思考

(1) 碱式碳酸铜属于正盐、酸式盐、复盐还是碱式盐？

(2) 碱式碳酸铜的颜色由什么决定？

(3) 哪些铜盐适合制备碱式碳酸铜？制备碱式碳酸铜的方法还有哪些？如何选择制备方法？

(4) 根据反应条件，哪些因素会影响实验结果？选择何种加热方式？

(5) 实验中，若选择碳酸钠溶液和硫酸铜溶液为原料，应将碳酸钠溶液滴入硫酸铜溶液中，还是将硫酸铜溶液滴入碳酸钠溶液中？

(6) 进行“$CuSO_4$和Na_2CO_3溶液的合适配比”的探究实验时，各试管中沉淀的颜色为什么会有差别？试讨论何种颜色产物的碱式碳酸铜含量最高。

(7) 反应在什么温度下进行会出现褐色产物？这种褐色物质是什么？

(8) 产品用什么溶剂洗涤？

3. 注意事项

(1) 反应温度不能太高(不能超过 95℃)，反应时恒温且不断搅拌，否则会出现部分颜色变黑的现象。

(2) 溶液 pH＜7 时要不断洗涤，直到 pH 为 8 左右，否则会出现大量硫酸铜和未反应的溶液包裹沉淀，导致产品品质不佳。

(3) 沉淀要洗涤干净，滤液 pH 为 7 左右表明SO_4^{2-}基本除尽。

(4) 沉淀应在 100℃烘干 2 h 以上，否则会出现产率超过 100%的现象。

(5) 若不能观察到暗绿色或淡蓝色沉淀产生，可将反应物保持原样(不可将滤液滤去)静置 1～2 天再观察。

四、实验提示

1. 碱式碳酸铜

碱式碳酸铜[$Cu_2(OH)_2CO_3$或$CuCO_3 \cdot Cu(OH)_2$]为天然孔雀石的主要成分，又称铜锈，呈暗绿色或淡蓝绿色，密度为 3.85 g/cm^3，在水中溶解度很小，不溶于冷水和醇。新制备的试样在沸水中很容易分解或加热到 220℃时分解；溶于酸、氰化物、铵盐、碱金属碳酸盐水溶液。

碱式碳酸铜应用广泛，在无机盐工业中用于制备各种铜化合物，在有机合成中用作催化剂，在电镀铜锡合金工业中用作铜的添加剂。

2. Cu^{2+}和CO_3^{2-}溶液的合适配比

配制 4 种不同浓度的CO_3^{2-}溶液与同一浓度Cu^{2+}溶液反应。注意反应温度。比较各试管中沉淀生成的速度、沉淀的数量及颜色，从中得出两种反应物溶液的最佳混合比例。

3. 反应温度的探究

由“Cu^{2+}和CO_3^{2-}溶液的合适配比”实验得到CO_3^{2-}溶液与Cu^{2+}溶液的合适配

比，分别选择室温、50℃、75℃、100℃下的恒温反应，观察现象，由实验结果确定制备反应的合适温度。

4. 碱式碳酸铜的制备

取一定量 0.5 mol/L Cu^{2+}溶液，根据上面实验确定的反应物合适比例、合适温度制备碱式碳酸铜。待沉淀完全后，用蒸馏水洗涤沉淀数次，抽滤、洗涤、吸干，直到沉淀中不含 SO_4^{2-} 为止。

将所得产品置于烘箱中 100℃烘干，待冷至室温后，称量，计算产率。

5. 备选仪器

试管、烧杯、pH 试纸、温度计、烘箱、布氏漏斗、抽滤瓶、真空泵。

五、实验内容

(1) 自行列出所需仪器、试剂、材料的清单。

(2) 反应物溶液的配制：CO_3^{2-} 溶液、Cu^{2+}溶液(建议浓度 0.5 mol/L，各 100 mL)。

(3) 设计制备反应条件探究的详尽方案，包括以下两个内容：①CO_3^{2-} 溶液、Cu^{2+}溶液的合适配比；②反应温度的探究。

(4) 写出制备碱式碳酸铜的实验步骤。

六、数据记录及处理

室温：__________湿度：__________大气压：________

将两种反应物溶液最佳配比探究实验数据填入表 5-6 中。

表 5-6　$CuSO_4$ 和 Na_2CO_3 溶液的最佳配比

试剂＼编号	1	2	3	4
V_{CuSO_4} / mL	2.0	2.0	2.0	2.0
$V_{Na_2CO_3}$ / mL	1.6	2.0	2.4	2.8
沉淀生成速度				
沉淀数量				
沉淀颜色				

结论：两种反应物的最佳配比：________。

将制备反应温度优化实验数据填入表 5-7 中。

表 5-7　制备反应温度优化实验记录

温度	室温	50℃	75℃	100℃
V_{CuSO_4} / mL				
$V_{Na_2CO_3}$ / mL				
沉淀生成速度				
沉淀的数量				
沉淀的颜色				
最佳温度				

结论：制备反应的合适温度为__________。
产品质量 m =________g
产率/% = (产品质量/理论产量) × 100% =________
计算过程：________________

七、实验习题

(1) 除反应物的配比和反应温度对本实验的结果有影响外，反应物的种类、反应进行的时间等因素是否也会对产物的质量有影响？

(2) 实验中还有哪些条件可以优化？

(3) 自行设计实验测定产物中铜及碳酸根的含量，从而分析所制得的碱式碳酸铜的质量。(选做)

(执笔：朱宇萍；审定：覃松)

实验二十六　利用废旧易拉罐制备明矾(综合性实验)

一、实验目的

了解两性物质的一般特点；了解明矾的制备方法；巩固溶解、过滤、结晶、沉淀的转移和洗涤等无机制备中常用的基本操作。

二、实验原理

明矾作为中药使用最早见于《神农本草经》，原名矾石，白色通明，须经焙烧炼制。明矾的化学名称为十二水合硫酸铝钾，也称钾矾、钾铝矾，可用化学式 $KAl(SO_4)_2 \cdot 12H_2O$ 或 $K_2SO_4 \cdot Al_2(SO_4)_3 \cdot 24H_2O$ 表示，是含有结晶水的硫酸钾和硫酸铝的复盐，有玻璃光泽，熔点 92.5℃。在 64.5℃时失去 9 分子结晶水，200℃时失去 12 分子结晶水，溶于水，不溶于乙醇。几种盐的溶解度见表 5-8。

表 5-8　不同温度下明矾、硫酸铝、硫酸钾的溶解度($g/100\ g\ H_2O$)

物质	t/℃							
	0	10	20	30	40	60	80	90
$KAl(SO_4)_2 \cdot 12H_2O$	3.00	3.99	5.90	8.39	11.7	24.8	71.0	109
$Al_2(SO_4)_3$	31.2	33.5	36.4	40.4	45.8	59.2	73.0	80.8
K_2SO_4	7.4	9.3	11.1	13.0	14.8	18.2	21.4	22.9

制备明矾的方法有很多，本实验选择用铝与碱反应得到四羟基合铝(Ⅲ)酸钠，再用稀 H_2SO_4 调节溶液的 pH，将其转化为氢氧化铝沉淀，过滤除去杂质。氢氧化铝沉淀用稀 H_2SO_4 溶解生成硫酸铝，硫酸铝再与硫酸钾在水溶液中结晶析出明矾。反应式如下：

$$2Al + 2NaOH + 6H_2O = 2Na[Al(OH)_4] + 3H_2\uparrow$$

$$2Na[Al(OH)_4] + H_2SO_4 = 2Al(OH)_3\downarrow + Na_2SO_4 + 2H_2O$$

$$2Al(OH)_3 + 3H_2SO_4 = Al_2(SO_4)_3 + 6H_2O$$

$$Al_2(SO_4)_3 + K_2SO_4 + 24H_2O = 2KAl(SO_4)_2 \cdot 12H_2O$$

当溶液冷却后，溶解度较小的明矾以晶体形式析出。

本实验通过废旧易拉罐中的铝单质合成在医学和净水等方面有很大功用的明矾[$KAl(SO_4)_2 \cdot 12H_2O$]。

三、实验指导

1. 课前预习

查阅文献，了解明矾的性质、制备明矾的方法。

2. 课前思考

(1) 铝制易拉罐主要成分是什么？含有哪些杂质？如何除去？

(2) 能否直接用稀酸与铝片反应？为什么？

(3) 制备四羟基合铝(Ⅲ)酸钠($Na[Al(OH)_4]$)时为什么要用水浴加热？加热温度应控制在多少度？

(4) 实验过程中需要加水吗？

(5) 由表 5-8 中三种物质的溶解度，结合本书中结晶的相关知识，实验应采用哪种结晶方式？

(6) 明矾晶体析出后，前后两次加入乙醇的目的分别是什么?

(7) 抽滤操作中，制备的产品能否用水冲洗?

3. 注意事项

(1) 废铝原材料必须清洗干净表面杂质，裁剪铝片时应小心，避免割伤。

(2) 在通风橱中加热时，为防止溶液溅出，应间歇性搅拌，直至溶液中没有气泡冒出。

(3) 若明矾结晶过程中无晶体生成，可用玻璃棒轻刮器壁，诱导结晶产生。

四、仪器和试剂

仪器：烧杯、量筒、布氏漏斗、抽滤瓶、真空泵、蒸发皿、水浴锅、电子天平、容量瓶、锥形瓶。

药品：H_2SO_4(9 mol/L)、NaOH(2 mol/L)、HCl(2 mol/L)、$NH_3 \cdot H_2O$(6 mol/L)、K_2SO_4(s)、$NaHCO_3$(s)、无水乙醇、EDTA(0.02000 mol/L)、NH_4F(20%)、六次甲基四胺(20%)、二甲酚橙指示剂、锌标准溶液。

材料：废旧易拉罐或其他铝制品、冰水浴、pH 试纸。

五、实验内容

1. 明矾的制备

1) 废旧易拉罐(铝片)的处理

剪下约 5 cm × 5 cm 的铝片，用砂纸擦去其内外表面的油漆和胶质，将内外表面均磨光并剪成小片。在电子天平上准确称取约 1.0 g 铝片，记录质量。

2) 四羟基合铝(Ⅲ)酸钠($Na[Al(OH)_4]$)的制备

在 100 mL 烧杯中加入 25 mL 2 mol/L NaOH 溶液，将烧杯置于水浴中加热，分次将处理好的铝片放入溶液中(反应剧烈，防止溅出)。待反应完毕后，趁热减压过滤。

3) 氢氧化铝的生成和洗涤

在上述四羟基合铝(Ⅲ)酸钠溶液中加入 8 mL 9 mol/L H_2SO_4 溶液(应逐滴加入)，调节溶液的 pH 为 7～8，此时溶液中生成大量的氢氧化铝白色沉淀，用布氏漏斗抽滤，并用蒸馏水洗涤沉淀。

4) $KAl(SO_4)_2 \cdot 12H_2O$ 的制备

将抽滤后所得的氢氧化铝沉淀转入蒸发皿中，加 10 mL 9 mol/L H_2SO_4 溶液，再加 14 mL 水溶解，加入 4 g K_2SO_4 水浴加热至溶解。将所得溶液在空气中自然冷却后，加入 5 mL 无水乙醇，放入冰水浴中冷却。待结晶完全析出后，减压过滤，用

10 mL 1∶1 的水-乙醇混合溶液洗涤晶体两次，抽干，然后用滤纸吸干晶体，称量，计算产率。

5) 废液处理

将实验 4)中减压过滤后的滤液倒入烧杯中，加入约 3 g $NaHCO_3$ 固体。搅拌，观察现象。再向溶液中加入 2 g $NaHCO_3$，观察现象。最后向溶液中加入 $NaHCO_3$ 直至没有气泡产生为止，记录 $NaHCO_3$ 大致的用量。将溶液稀释后，即可倒入下水道中。

2. 明矾产品的检测

1) 定性检测

明矾产品为硫酸盐、铝盐及钾盐。可以定性检测成分中的 K^+、Al^{3+}、SO_4^{2-}，具体方法可以参考本书相关实验。

2) 定量检测

准确称取 1.2 g 产品于 100 mL 烧杯中，加入 3 mL 2 mol/L HCl 溶液，加水溶解，将溶液转移至 250 mL 容量瓶中，加水稀释至刻度，摇匀。移取上述稀释液 25.00 mL，加入 20 mL 0.02000 mol/L EDTA(Y)溶液及 2 滴二甲酚橙指示剂，小心滴加 6 mol/L $NH_3 \cdot H_2O$ 调至溶液恰呈紫红色，然后加 3 滴 2 mol/L HCl 溶液。将溶液煮沸 3 min，冷却，加入 20 mL 20%六次甲基四胺溶液，此时溶液应呈黄色或橙黄色，可用 HCl 调节。

$$H_2Y^{2-} + Al^{3+} = AlY^- + 2H^+$$

补加 2 滴二甲酚橙指示剂，用锌标准溶液滴定至溶液由黄色恰变为紫红色(此时不计滴定体积)。

$$H_2Y^{2-}(\text{过量}) + Zn^{2+} = ZnY^{2-} + 2H^+$$

加入 10 mL 20% NH_4F 溶液，摇匀，将溶液加热至微沸，流水冷却，补加 2 滴二甲酚橙指示剂，此时溶液应呈黄色或橙黄色，否则应滴加 HCl 调节。

$$AlY^- + 6F^- + 2H^+ = AlF_6^{3-} + H_2Y^{2-}$$

再用锌标准溶液滴定至溶液由黄色恰变为紫红色，即为终点。

$$H_2Y^{2-} + Zn^{2+} = ZnY^{2-} + 2H^+$$

记录所用锌标准溶液的体积 V(mL)，平行滴定三次。其相对平均偏差不得大于 0.2%，计算公式为

$$w_{Al} = [(c_{Zn^{2+}}V \times 10^{-3} \times M_{Al}) / (m_s \times 25 / 250)] \times 100\%$$

式中，w_{Al} 为 Al 的质量分数；m_s 为明矾样品的质量；M_{Al} 为 Al 的摩尔质量。

3. 明矾净水实验

将一定量的明矾投入略有浑浊的水中，观察实验现象，并思考明矾净水的原理。

六、数据记录及处理

室温：________ 湿度：________ 大气压：________

铝屑的质量 m =________g

明矾的产率=________%

w_{Al} =________%

相对平均偏差=________

计算过程：________

七、实验习题

(1) 反应过程中，观察铝片在水中有周期升降(上下浮沉)的现象，试解释其可能的原因。

(2) 在废液处理的过程中主要发生了什么化学反应？为什么要对废液进行处理后才能排入下水道？

(3) 实验中存在哪些弊端？制备过程中哪些步骤可以优化、整合？

(4) 实验还可以做哪些方面的检测？

八、拓展知识

明矾的应用

1. 明矾作为灭火剂

泡沫灭火器内盛有约 1 mol/L 明矾溶液和约 1 mol/L $NaHCO_3$(小苏打)溶液，两种溶液的体积比约为 11：2。明矾过量是为了使灭火器内的小苏打充分反应，释放出足量的二氧化碳，以达到灭火的目的。

2. 明矾作为药物

明矾性寒、味酸涩，具有较强的收敛作用。中医认为，明矾具有解毒杀虫、燥湿止痒、止血止泻、清热消痰的功效，也用来治疗高脂血症、十二指肠溃疡、肺结核、咳血等疾病。

明矾还可用于制备铝盐、油漆、鞣料、媒染剂、造纸、防水剂等。

3. 明矾的危害

明矾含有铝离子，过量摄入会影响人体对铁、钙等的吸收，容易导致骨质疏松、贫血，甚至影响神经细胞的发育。当明矾作为食品添加剂被人食用后，基本不能排出体外，体内明矾过量容易引发脑萎缩、痴呆等。长期饮用明矾净化的水，可能会引起老年性痴呆，因此现在已不主张用明矾作净水剂了。2003 年世界卫生组织将明矾记为有害食品添加剂。

(执笔：朱宇萍；审定：覃松)

实验二十七　共沉淀法制备 Fe_3O_4 纳米材料(综合创新性实验)

一、实验目的

了解 Fe_3O_4 纳米粒子的性能、制备方法及其研究现状；掌握共沉淀法制备磁性纳米材料的基本原理；了解磁性纳米材料的表征方法。

二、实验原理

四氧化三铁(Fe_3O_4)磁性纳米粒子是近年发展起来的一种新型磁性材料，具有特殊的磁导向性、超顺磁性及表面可连接生化活性功能基团等特性，在核酸分析、临床诊断、靶向药物、酶等领域得到了广泛应用。

Fe_3O_4 纳米材料的制备方法较多，以共沉淀法最为简单实用。共沉淀法将含有多种阳离子的盐溶液缓慢加入过量的沉淀剂中，使所有离子的浓度大大超过沉淀的平衡浓度，各组分即按比例同时析出。本实验采用共沉淀法制备 Fe_3O_4 纳米材料。

产物可采用扫描电子显微镜测试粒度及其分布，检验是否为纳米级。

1. 制备反应

在一定温度下，向一定量配比的三价铁盐和二价铁盐混合溶液中滴加碱性溶液生成 Fe_3O_4，反应式如下：

$$Fe^{2+} + Fe^{3+} + OH^- \longrightarrow Fe(OH)_2/Fe(OH)_3 \qquad \text{(形成共沉淀)}$$

$$Fe(OH)_2 + Fe(OH)_3 \longrightarrow FeOOH\text{(羟基氧化铁)} + Fe_3O_4 \qquad (pH \leqslant 7.5)$$

$$FeOOH + Fe^{2+} \longrightarrow Fe_3O_4 + H^+ \qquad (pH \geqslant 9.2)$$

总反应为

$$2Fe^{3+} + Fe^{2+} + 8OH^- = Fe_3O_4 + 4H_2O$$

保持一定温度，反应一段时间后，生成的颗粒通过铁磁分离、洗涤、干燥，即获得超微 Fe_3O_4 纳米粒子。

在实际制备中还有许多复杂的中间反应和副产物，副反应如下：

$$4Fe_3O_4 + O_2 + 18H_2O = 12Fe(OH)_3$$

$$4Fe_3O_4 + O_2 = 6Fe_2O_3$$

因此，实验中二价铁应适当过量。

2. 条件控制

反应物中 Fe^{2+}与 Fe^{3+}的配比、溶液的 pH、反应温度等均影响纳米粒子的尺寸大小。可通过控制反应条件获得晶体结构单一、颗粒尺寸均匀的纳米粒子。此外，沉淀剂的过滤、洗涤也是必须考虑的问题。

1) 反应物中 Fe^{2+}与 Fe^{3+}的配比

反应物中 Fe^{2+}与 Fe^{3+}的配比直接影响产物的纯度和磁学性能。Fe_3O_4 可看作 $Fe_1^{2+}Fe_2^{3+}O_4$，从共沉淀理论来说，只需反应溶液中 Fe^{2+}与 Fe^{3+}的物质的量浓度之比为 1∶2 即可。然而，Fe^{2+}具有较强的还原性，极易被氧化。因此，根据实验条件的不同，反应前驱溶液中 Fe^{2+}与 Fe^{3+}物质的量浓度之比应大于 1∶2。

2) 反应温度

温度的选取对产物的粒径和磁化强度有重要影响。温度的高低在很大程度上影响 Fe^{2+}的氧化速度和初产物的分解。整个实验过程温度可选择 50～90℃，但研究表明，60℃产物晶化不完全，70～80℃产物结晶完全，80℃以上产物出现颗粒长大现象，但因氧化而影响磁性能。实验反应温度选择 70℃。

备注： 晶化是非晶态物质转化为晶体的过程。

3) 反应过程中的 pH

反应环境的 pH 对颗粒的团聚和长大有较大影响。由表 5-9 可见，反应 pH＞8.95 时，Fe^{2+}和 Fe^{3+}才会完成共沉淀，获得目标产物。但铁盐溶液中 Fe^{2+}和 Fe^{3+}发生水解反应，产生大量 H^+，改变溶液 pH。碱的浓度不宜过低，否则溶液中的离子积达不到 $Fe(OH)_3$ 的溶度积，不利于 $Fe(OH)_3$ 的生成，且易于团聚。实验选择 pH 为 11。

表 5-9　Fe^{2+}和 Fe^{3+}沉淀所需 pH

物质	开始沉淀的 pH	完全沉淀的 pH
$Fe(OH)_2$	7.30	8.95
$Fe(OH)_3$	2.10	3.20

三、实验指导

1. 课前预习

查阅文献，搜集共沉淀法制备中哪些反应条件对 Fe_3O_4 磁性纳米粒子有影响；

选择实验需要的试剂和仪器；本实验主要涉及溶液的配制、pH 的调节、磁性分离等实验操作。

2. 课前思考

(1) 影响反应产物的纯度的因素有哪些？

(2) 查阅文献，Fe^{2+}与 Fe^{3+}物质的量浓度之比选取多少为宜？

(3) 若反应过程中 pH 太低，会有什么结果？

(4) 实验中可以选择哪些沉淀剂？各有什么优缺点？

(5) 实验中选择什么加热方式？为什么？

(6) 如何洗涤沉淀？

3. 注意事项

(1) 保证在配制 Fe^{2+}溶液时加热煮沸除去 O_2。

(2) 注意调节各步骤的 pH。

(3) 注意调节各步的溶液温度。

四、仪器和试剂

仪器：扫描电子显微镜、X 射线分析仪、恒温加热磁力搅拌器、离心机、电子天平、pH 计、干燥箱、永磁体、离心试管、容量瓶、锥形瓶、烧杯、玻璃棒等。

试剂：三氯化铁($FeCl_3 \cdot 6H_2O$)(s)、硫酸亚铁($FeSO_4 \cdot 7H_2O$)(s)、氢氧化钠(s)、去离子水、十二烷基苯磺酸钠、无水乙醇。

材料：滤纸。

五、实验内容

1. 溶液的配制

称取 14.0 g $FeSO_4 \cdot 7H_2O$，用一定量蒸馏水溶解，并在 100 mL 容量瓶中定容，配制 1.00 mol/L Fe^{2+}溶液，置于 70℃恒温水浴中加热。

称取 24.0 g $FeCl_3 \cdot 6H_2O$，用一定量蒸馏水溶解，并在 100 mL 容量瓶中定容，配制 1.75 mol/L Fe^{3+}溶液，置于 70℃恒温水浴中加热。

称取 8.0 g NaOH 溶于一定量蒸馏水，于 100 mL 容量瓶中定容，配制 2 mol/L NaOH 溶液。

称取 2.0 g NaOH 溶于一定量蒸馏水，于 100 mL 容量瓶中定容，配制 0.5 mol/L NaOH 溶液。

2. Fe_3O_4纳米粒子的制备

取 43.10 mL 1.00 mol/L Fe^{2+}溶液和 43.10 mL 1.75 mol/L Fe^{3+}溶液混合，保证$[Fe^{3+}]:[Fe^{2+}] = 1.75:1$。快速搅拌，滴加 2 mol/L NaOH 溶液至 pH = 7，此时有棕色颗粒生成。再滴加 0.5 mol/L NaOH 溶液至 pH=11，继续搅拌，加入无水乙醇，静置 10 min 后，在 70℃下水浴加热，调节酸度。搅拌的同时加入表面活性剂十二烷基苯磺酸钠。30 min 后，停止搅拌和水浴，将反应所得悬浊液置于永磁体上，在磁场条件下进行洗涤和分离。用蒸馏水和无水乙醇反复洗涤沉淀物，直至洗涤液 pH 为 7 左右。将沉淀物置于真空干燥箱中，75℃下干燥 5 h，得到磁性纳米Fe_3O_4粉体。

同上，保证$[Fe^{3+}]:[Fe^{2+}]$分别为 1.5：1 和 2：1，重复以上操作。

3. 产物的测试

(1) 用扫描电子显微镜对上述步骤中的粉体进行粒度及其分布测试，检验产物是否为纳米级。

(2) 对上述步骤中的产物进行 XRD 测试，分析产物的晶体结构。(选做)

六、数据记录及处理

产物的形态：__________

Fe_3O_4粉体的质量=__________g

产率=____________

计算过程：____________

七、实验习题

(1) 影响因素的讨论。

a. Fe^{2+}和 Fe^{3+}物质的量浓度之比对磁性 Fe_3O_4纳米粒子的影响。

b. pH 对磁性 Fe_3O_4纳米粒子的影响。

c. 反应温度。

(2) 反应时间对产物有何影响?

(3) 共沉淀法的弊端是什么？如何克服共沉淀法中的弊端?

(4) 实验中为什么加入表面活性剂十二烷基苯磺酸钠?

八、拓展知识

透射电子显微镜

1932 年，鲁斯卡(Ruska)发明了以电子束为光源的透射电子显微镜(transmission

electron microscope，TEM)。电子束的波长比可见光和紫外光短得多，并且电子束的波长与发射电子束的电压平方根成反比，即电压越高，波长越短。TEM 的分辨率可达 0.2 nm。TEM 可以看到在光学显微镜下无法看清的小于 0.2 μm 的细微结构。高分辨透射电子显微镜(high resolution transmission electron microscope，HRTEM)是透射电子显微镜的一种。

王冰等利用超声强化的共沉淀法，结合阴离子表面活性剂十二烷基硫酸钠(SDS)修饰技术，制备出 Fe_3O_4 超顺磁纳米晶，其 HRTEM 图像见图 5-1。由图 5-1(a)可以看出，样品个体的边界非常清晰，颗粒具有单分散性，形状近似球形。图 5-1(a)内插图为原位电子衍射样式图，(b)为放大 25 万倍时此样品的单颗粒 HRTEM 图像，可清晰直观地看出 Fe_3O_4 磁性纳米粒子的直径在 10 nm 左右，还可以很清楚地看到完整晶体所表现出来的规则晶形结构(横纹、竖纹相间)。

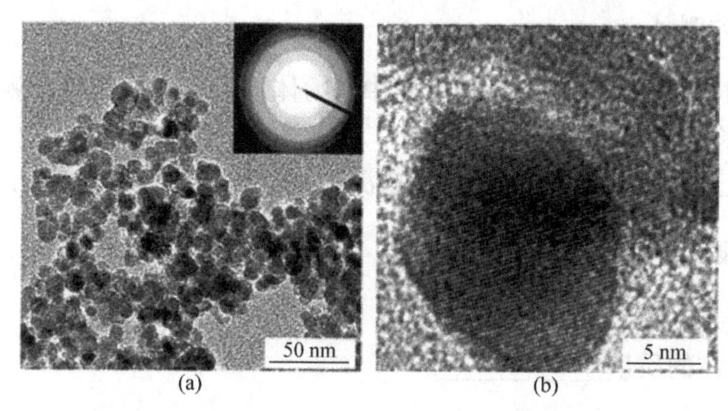

图 5-1　样品 Fe_3O_4-SDS-sono 的 HRTEM 图像

(执笔：刘丹；审定：朱宇萍)

参 考 文 献

巴索罗. 1982. 配位化学金属配合物的化学英汉对照. 宋银柱, 等译. 北京: 北京大学出版社.

北京师范大学. 1987. 化学实验规范. 北京: 北京师范大学出版社.

北京师范大学无机化学教研室. 2008. 无机化学实验. 3 版. 北京: 高等教育出版社.

卜玲丽. 2006. 玻璃量器容量的校准方法尝试与讨论. 冶金分析, 26(3): 90-91.

程春英. 2011. 硫代硫酸钠制备实验的改进. 实验室科学, 14(1): 64-65.

崔爱莉. 2007. 基础无机化学实验. 北京: 高等教育出版社.

大连理工大学无机化学教研室. 2011. 无机化学实验. 2 版. 北京: 高等教育出版社.

傅若农, 顾峻岭. 1998. 近代色谱分析. 北京: 国防工业出版社.

傅献彩, 沈文霞, 姚天扬, 等. 2006. 物理化学(下册). 5 版. 北京: 高等教育出版社.

何华, 倪坤仪. 2004. 现代色谱分析. 北京: 化学工业出版社.

河南大学, 等. 1989. 配位化学. 开封: 河南大学出版社.

胡坪. 2010. 简明定量化学分析. 上海: 华东理工大学出版社.

华中师范大学, 华东师范大学, 陕西师范大学, 等. 2011. 分析化学. 4 版. 北京: 高等教育出版社.

华中师范大学, 华东师范大学, 陕西师范大学, 等. 2001. 分析化学实验. 3 版. 北京: 高等教育出版社.

金鑫荣. 1987. 气相色谱法. 北京: 高等教育出版社.

康希, 姜勇, 李心爱. 2012. 高校化学实验室废液的处理. 广州化工, 40(5): 174-176.

李安民. 1989. 实用小化工生产技术. 兰州: 甘肃科学技术出版社.

李浩春, 卢佩章. 1993. 气相色谱法. 北京: 科学出版社.

刘翠格, 杨述韬. 2010. 无机和分析化学实验. 北京: 化学工业出版社.

龙光明, 马培华. 2006. 甲醛法测定氨的方法改进及其应用. 理化检验-化学分册, 42(6): 487-489.

卢佩章, 戴朝政. 1989. 色谱理论基础. 北京: 科学出版社.

罗勤慧, 沈孟长. 1987. 配位化学. 南京: 江苏科学技术出版社.

马芳. 2009. 《说文解字》颜色词文化诠释. 兰州学刊, 12: 174-176.

马少妹, 袁爱群, 白丽娟, 等. 2017. 三草酸合铁(Ⅲ)酸钾合成工艺的优化. 化学试剂, 39(10): 1108-1112, 1131.

南京大学《无机及分析化学》编写组. 2010. 无机及分析化学. 4 版. 北京: 高等教育出版社.

南京大学《无机及分析化学实验》编写组. 2010. 无机及分析化学实验. 4 版. 北京: 高等教育出版社.

沈建中, 马林, 赵滨, 等. 2006. 普通化学实验. 上海: 复旦大学出版社.

师治贤, 王俊德. 1996. 生物大分子的液相色谱分离和制备. 2 版. 北京: 科学出版社.

石贞芹. 2009. 化学实验技术. 北京: 高等教育出版社.

覃松, 罗泸花, 兰子平, 等. 2010. 置换法测金属原子量实验的微型化. 内江师范学院学报, 25(2): 84-86.

天津大学物理化学教研室. 2009. 物理化学(下册). 5 版. 北京: 高等教育出版社.

汪建民. 2007. 基础化学实验. 北京: 中国农业出版社.

王冰, 张锋, 邱建华, 等. 2009. Fe_3O_4 超顺磁纳米晶的超声共沉淀法制备及表征. 化学学报, 67(11): 1211-1216.
王美兰, 贺萍, 许卉, 等. 2002. 甲醛法测定尿素总氮含量的若干问题. 大学化学. 17(6): 35-37.
文利柏, 虎玉森, 白红进. 2010. 无机化学实验. 北京: 化学工业出版社.
吴俊森. 2006. 大学基础化学实验. 北京: 化学工业出版社.
武汉大学. 2011. 分析化学实验. 5 版. 北京: 高等教育出版社.
肖圣雄, 王晓伦, 柏爱玲, 等. 2016. 三草酸合铁(Ⅲ)酸钾合成方法的改进. 大学化学, 31(7): 72-76.
谢吉民. 2004. 基础化学. 北京: 科学出版社.
叶嘉莹. 1989. 唐宋词十七讲. 长沙: 岳麓书社.
曾仁权, 朱云云. 2008. 基础化学实验. 重庆: 西南师范大学出版社.
张莫宙, 等. 2000. 科学家大辞典. 上海: 上海辞书出版社, 上海科技教育出版社.
浙江大学. 2003. 无机及分析化学. 北京: 高等教育出版社.
钟国清. 2011. 无机及分析化学实验. 北京: 科学出版社.
周井炎. 2008. 基础化学实验(上册). 2 版. 武汉: 华中科技大学出版社.
周宁怀. 2000. 微型无机化学实验. 北京: 科学出版社.
周祖新. 2009. 无机化学实验. 上海: 上海交通大学出版社.
邹汉法, 张玉奎, 卢佩章. 2001. 高效液相色谱法. 北京: 科学出版社.

附　　录

附录1　相对原子质量

原子序数	元素名称	元素符号	相对原子质量	原子序数	元素名称	元素符号	相对原子质量
1	氢	H	1.0079	24	铬	Cr	51.996
2	氦	He	4.00260	25	锰	Mn	54.9380
3	锂	Li	6.941*	26	铁	Fe	55.847
4	铍	Be	9.01218	27	钴	Co	58.9332
5	硼	B	10.81	28	镍	Ni	58.69
6	碳	C	12.011	29	铜	Cu	63.546*
7	氮	N	14.0067	30	锌	Zn	65.38
8	氧	O	15.9994	31	镓	Ga	69.72
9	氟	F	18.998403	32	锗	Ge	72.59*
10	氖	Ne	20.179	33	砷	As	74.9216
11	钠	Na	22.98977	34	硒	Se	78.96*
12	镁	Mg	24.305	35	溴	Br	79.904
13	铝	Al	26.98154	36	氪	Kr	83.80
14	硅	Si	28.0855	37	铷	Rb	85.4678*
15	磷	P	30.97376	38	锶	Sr	87.62
16	硫	S	32.06	39	钇	Y	88.9059
17	氯	Cl	35.453	40	锆	Zr	91.22
18	氩	Ar	39.948	41	铌	Nb	92.9064
19	钾	K	39.0983	42	钼	Mo	95.94
20	钙	Ca	40.08	43	锝	Tc	(98)
21	钪	Sc	44.9559	44	钌	Ru	101.07
22	钛	Ti	47.88*	45	铑	Rh	102.9055
23	钒	V	50.9415	46	钯	Pd	106.42

续表

原子序数	元素名称	元素符号	相对原子质量	原子序数	元素名称	元素符号	相对原子质量
47	银	Ag	107.868	77	铱	Ir	192.22*
48	镉	Cd	112.41	78	铂	Pt	195.08
49	铟	In	114.82	79	金	Au	196.9665
50	锡	Sn	118.69*	80	汞	Hg	200.59*
51	锑	Sb	121.75*	81	铊	Tl	204.383
52	碲	Te	127.60*	82	铅	Pb	207.2
53	碘	I	126.9045	83	铋	Bi	208.9804
54	氙	Xe	131.29*	84	钋	Po	(209)
55	铯	Cs	132.9054	85	砹	At	(210)
56	钡	Ba	137.33	86	氡	Rn	(222)
57	镧	La	138.9055*	87	钫	Fr	(223)
58	铈	Ce	140.12	88	镭	Re	226.0254
59	镨	Pr	140.9077	89	锕	Ac	227.0278
60	钕	Nd	144.24*	90	钍	Th	232.0381
61	钷	Pm	(145)	91	镤	Pa	231.0359
62	钐	Sm	150.36*	92	铀	U	238.0289
63	铕	Eu	151.96	93	镎	Np	237.0482
64	钆	Gd	157.25*	94	钚	Pu	(244)
65	铽	Tb	158.9254	95	镅	Am	(243)
66	镝	Dy	162.50*	96	锔	Cm	(247)
67	钬	Ho	164.9304	97	锫	Bk	(247)
68	铒	Er	167.26*	98	锎	Cf	(251)
69	铥	Tm	168.9342	99	锿	Es	(252)
70	镱	Yb	173.04*	100	镄	Fm	(257)
71	镥	Lu	174.967*	101	钔	Md	(258)
72	铪	Hf	178.49*	102	锘	No	(259)
73	钽	Ta	180.9479	103	铹	Lr	(260)
74	钨	W	183.85*	104		Rf	(261)
75	铼	Re	186.207	105		Db	(262)
76	锇	Os	190.2	106		Sg	(263)

注：(　)表示最稳定的或了解最清楚的同位素；有*的末位准确至±3，无*的末位准确至±1。

资料来源：戴安邦，沈孟长. 1979. 元素周期表. 上海：上海科学技术出版社.

附录2　气体在水中的溶解度

表中的溶解度符号意义如下：

α为吸收系数，指在气体分压等于101.325 kPa时，被1体积水吸收的该气体体积(已折合成标准状况)。

I为气体在总压力(气体及水汽)等于101.325 kPa时溶解于1体积水中的该气体体积。

q为气体在总压力(气体及水汽)等于101.325 kPa时溶解于100 g水中的气体质量(单位：g)。

气体	溶解度符号	温度/℃								
		0	10	20	30	40	50	60	80	100
H_2	$\alpha\times10^2$	2.148	1.955	1.819	1.699	1.644	1.608	1.600	1.60	1.60
	$q\times10^4$	1.843	1.740	1.603	1.474	1.384	1.287	1.178	0.79	0.00
O_2	$\alpha\times10^2$	4.889	3.802	3.102	2.608	2.306	2.090	1.946	1.761	1.70
	$q\times10^3$	6.945	5.368	4.339	3.588	3.082	2.657	2.274	1.381	0.00
N_2	$\alpha\times10^2$	2.354	1.861	1.545	1.342	1.184	1.088	1.023	0.958	0.95
	$q\times10^3$	2.942	2.312	1.901	1.624	1.391	1.216	1.052	0.660	0.00
Cl_2	I		3.148	2.299	1.799	1.438	1.225	1.023	0.683	0.00
	q		0.9972	0.7293	0.5723	0.4590	0.3925	0.3295	0.2227	0.000
Br_2(蒸气)	α	60.5	35.1	21.3	13.8	9.4	6.5	4.9	3.0	—
	q	42.9	24.8	14.9	9.5	6.3	4.1	2.9	1.2	—
空气	mL/L	29.18	22.84	18.68	15.64	—	—	—	—	—
	溶解空气中的氧/%	34.91	34.47	34.03	33.60	—	—	—	—	—
NH_3	α	1176	—	702	—	—	—	—	—	—
	q	89.5		53.1	—	—	—	—	—	—
H_2S	α	4.670	3.399	2.582	2.037	1.660	1.392	1.190	0.917	0.81
	q	0.7066	0.5112	0.3846	0.2983	0.2361	0.1883	0.1480	0.0765	0.00
CO	$\alpha\times10^2$	3.537	2.816	2.319	1.998	1.775	1.615	1.488	1.430	1.41
	$q\times10^3$	4.397	3.479	2.838	2.405	2.075	1.797	1.522	0.980	0.00
CO_2	α	1.713	1.194	0.878	0.665	0.530	0.436	0.359	—	—
	q	0.3346	0.2318	0.1688	0.1257	0.0973	0.0761	0.0576	—	—
NO	$\alpha\times10^2$	7.381	5.709	4.706	4.004	3.507	3.152	2.954	2.700	2.63
	$q\times10^3$	9.833	7.560	6.173	5.165	4.394	3.758	3.237	1.984	0.00
SO_2	I	79.789	56.647	39.374	27.161	18.766	—	—	—	—
	q	22.83	16.21	11.28	7.80	5.41	—	—	—	—

资料来源：顾庆超，楼书聪，戴庆平，等. 1979. 化学用表. 南京：江苏科学技术出版社.

附录 3 不同温度下水的饱和蒸气压

温度/℃	饱和蒸气压/kPa	温度/℃	饱和蒸气压/kPa	温度/℃	饱和蒸气压/kPa
0	0.609	33	5.018	66	26.08
1	0.655	34	5.306	67	27.26
2	0.704	35	5.609	68	28.48
3	0.756	36	5.927	69	29.76
4	0.811	37	6.26	70	31.08
5	0.87	38	6.609	71	32.45
6	0.933	39	6.975	72	33.86
7	0.999	40	7.358	73	35.34
8	1.07	41	7.746	74	36.87
9	1.145	42	8.18	75	38.45
10	1.225	43	8.618	76	40.09
11	1.309	44	9.079	77	41.78
12	1.398	45	9.533	78	43.53
13	1.494	46	10.06	79	45.35
14	1.594	47	10.59	80	47.23
15	1.701	48	11.13	81	49.17
16	1.813	49	11.71	82	51.19
17	1.932	50	12.3	83	53.28
18	2.058	51	12.93	84	55.4
19	2.191	52	13.58	85	57.67
20	2.332	53	14.26	86	59.97
21	2.48	54	14.96	87	62.34
22	2.637	55	15.7	88	64.78
23	2.802	56	16.47	89	67.3
24	2.976	57	17.27	90	69.92
25	3.16	58	18.1	91	72.62
26	3.353	59	18.97	92	75.4
27	3.556	60	19.87	93	78.28
28	3.77	61	20.81	94	81.25
29	3.996	62	21.78	95	84.31
30	4.233	63	22.79	96	87.46
31	4.481	64	23.85	97	90.7
32	4.743	65	24.94	98	94.07

续表

温度/℃	饱和蒸气压/kPa	温度/℃	饱和蒸气压/kPa	温度/℃	饱和蒸气压/kPa
99	97.52	120	198.04	145	414.56
100	101.3	121	204.42	150	474.94
101	104.74	122	210.94	155	542.11
102	108.5	123	217.59	160	616.59
103	112.4	124	224.5	165	699.05
104	116.39	125	231.55	170	790.15
105	120.5	126	238.7	175	890.3
106	124.7	127	246.18	180	1000.16
107	129.4	128	253.76	185	1120.39
108	129.09	129	261.48	190	1251.9
109	138.19	130	269.46	195	1395.04
110	143	131	277.57	200	1550.65
111	147.76	132	285.95	205	1586.56
112	152.8	133	294.6	210	1902.7
113	157.87	134	303.37	215	2100.47
114	163.19	135	312.15	220	2313.67
115	168.64	136	321.33	225	2543.36
116	174.2	137	330.9	230	2790.07
117	179.95	138	340.6	235	3054.74
118	185.8	139	350.46	240	3338.4
119	191.92	140	360.56	245	3965.79

资料来源：张向宇. 2011. 实用化学手册. 北京：国防工业出版社.

附录 4　常见沉淀的 pH

1. 金属氧化物沉淀的 pH(包括形成氢氧配离子的大约值)

沉淀	开始沉淀时的 pH		沉淀完全时的 pH (残留离子浓度 $<10^{-5}$ mol/L)	沉淀开始溶解时的 pH	沉淀完全溶解时的 pH
	初浓度[M^{n+}]				
	1 mol/L	0.01 mol/L			
$Sn(OH)_4$	0	0.5	1	13	15
$TiO(OH)_2$	0	0.5	2.0	—	—
$Sn(OH)_2$	0.9	2.1	4.7	10	13.5
$ZrO(OH)_2$	1.3	2.3	3.8	—	—
HgO	1.3	2.4	5.0	11.5	—
$Fe(OH)_3$	1.5	2.3	4.1	14	—
$Al(OH)_3$	3.3	4.0	5.2	7.8	10.8

续表

沉淀	开始沉淀时的 pH 初浓度[M^{n+}]		沉淀完全时的 pH (残留离子浓度 $<10^{-5}$ mol/L)	沉淀开始溶解时的 pH	沉淀完全溶解时的 pH
	1mol/L	0.01 mol/L			
$Cr(OH)_3$	4.0	4.9	6.8	12	15
$Be(OH)_2$	5.2	6.2	8.8	—	—
$Zn(OH)_2$	5.4	6.4	8.0	10.5	12～13
Ag_2O	6.2	8.2	11.2	12.7	—
$Fe(OH)_2$	6.5	7.5	9.7	13.5	—
$Co(OH)_2$	6.6	7.6	9.2	14.1	—
$Ni(OH)_2$	6.7	7.7	9.5	—	—
$Cd(OH)_2$	7.2	8.2	9.7	—	—
$Mn(OH)_2$	7.8	8.8	10.4	14	—
$Mg(OH)_2$	9.4	10.4	12.4	—	—
$Pb(OH)_2$	—	7.2	8.7	10	13
$Ce(OH)_4$	—	0.8	1.2	—	—
$Th(OH)_4$	—	0.5	—	—	—
$Tl(OH)_3$	—	～0.6	～1.6	—	—
H_2WO_4	—	～0	～0	—	—
H_2MoO_4	—	—	—	～8	～9
稀土	—	6.8～8.5	～9.5	—	—
H_2UO_4	—	3.6	5.1	—	—

2. 金属硫化物沉淀的 pH

pH	被硫化氢沉淀的金属离子
1	Cu、Ag、Hg、Pb、Bi、Cd、Rh、Pd、Os、As、Au、Pt、Sb、Ir、Ge、Se、Te、Mo
2～3	Zn、Ti、In、Ga
5～6	Co、Ni
＞7	Mn、Fe

3. 水溶液中硫化物能沉淀时盐酸的最高浓度

硫化物	Ag_2S	HgS	CuS	Sb_2S_3	Bi_2S_3	SnS_2	CdS	PbS	SnS	ZnS	CoS	NiS	FeS	MnS
盐酸浓度/(mol/L)	12	7.5	7.0	3.7	2.5	2.3	0.7	0.35	0.30	0.02	0.001	0.001	0.0001	0.00008

资料来源：北京师范大学，东北师范大学，华中师范大学，等. 2014. 无机化学实验. 4 版. 北京：高等教育出版社.

附录5　常见物质、离子的颜色

1. 盐

物质	颜色	物质	颜色	物质	颜色
Ag_3AsO_4	褐	$BiOCl$	白	$Cu_3(PO_4)_2$	淡蓝
$AgBr$	淡黄	$Bi(OH)CO_3$	白	CuS	黑
$AgCN$	白	$BiONO_3$	白	Cu_2S	黑
Ag_2CO_3	白	$BiPO_4$	白	$CuSCN$	白
$Ag_2C_2O_4$	白	Bi_2S_3	棕黑	$FeCO_3$	白
$AgCl$	白	$CaCO_3$	白	$FeC_2O_4 \cdot 2H_2O$	黄
Ag_2CrO_4	砖红	CaC_2O_4	白	$Fe_3[Fe(CN)_6]_2$	蓝
AgI	黄	CaF_2	白	$Fe_4[Fe(CN)_6]_3$	蓝
$AgNO_2$	白	$CaHPO_4$	白	$FePO_4$	淡黄
Ag_3PO_4	黄	$Ca_3(PO_4)_2$	白	FeS	黑
Ag_2S	黑	$CaSO_3$	白	Hg_2Cl_2	白
$AgSCN$	白	$CaSO_4$	白	$HgCrO_4$	黄
Ag_2SO_3	白	$CaSiO_3$	白	HgI_2	红
Ag_2SO_4	白	$CdCO_3$	白	Hg_2I_2	绿
$Ag_2S_2O_3$	白	CdC_2O_4	白	$HgNH_2Cl$	白
$AlPO_4$	白	CdF_2	白	HgS	黑
As_2S_3	黄	CdS	黄	Hg_2S	黑
As_2S_5	黄	$Co(OH)Cl$	蓝	$Hg(SCN)_2$	白
$BaCO_3$	白	CoS	黑	$Hg_2(SCN)_2$	白
BaC_2O_4	白	$CrPO_4$	灰绿	Hg_2SO_4	白
$BaCrO_4$	黄	$CuBr$	白	$KClO_4$	白
$BaHPO_4$	白	$CuCN$	白	$K_2[PtCl_6]$	黄
$Ba_3(PO_4)_2$	白	$CuCl$	白	Li_2CO_3	白
$BaSO_3$	白	$Cu_2[Fe(CN)_6]$	红棕	LiF	白
$BaSO_4$	白	CuI	白	$MgCO_3$	白
BaS_2O_3	白	$Cu(IO_3)_2$	淡蓝	MgC_2O_4	白
BiI_3	绿黑	$Cu_2(OH)_2CO_3$	淡蓝(铜绿)	MgF_2	白

续表

物质	颜色	物质	颜色	物质	颜色
$MgHPO_4$	白	$PbBr_2$	白	$Sn(OH)Cl$	白
$MgNH_4PO_4$	白	$PbCO_3$	白	SnS	棕
$Mg_2(OH)_2CO_3$	白	PbC_2O_4	白	SnS_2	土黄
$Mg_3(PO_4)_2$	白	$PbCl_2$	白	$SrCO_3$	白
$MnCO_3$	白	$PbCrO_4$	黄	SrC_2O_4	白
MnC_2O_4	白	PbI_2	黄	$Sr_3(PO_4)_2$	白
$Mn_3(PO_4)_2$	白	$Pb_3(PO_4)_2$	白	$SrSO_4$	白
MnS	肉	PbS	黑	$ZnCO_3$	白
$Na[Sb(OH)_6]$	白	$PbSO_4$	白	$Zn_3(PO_4)_2$	白
$NiCO_3$	绿	$SbOCl$	白	ZnS	白
$Ni_2(OH)_2SO_4$	绿	Sb_2S_3	橙红		
NiS	黑	Sb_2S_5	橙		

2. 氧化物、氢氧化物

物质	颜色	物质	颜色	物质	颜色
NiO	暗绿	$Pb(OH)_2$	白	SrO	白
Ni_2O_3	黑	Sb_2O_3	白	$Sr(OH)_2$	白
$Ni(OH)_2$	浅绿	$Sb(OH)_3$	白	TiO_2	白
$Ni(OH)_3$	黑	SnO	黑、绿	V_2O_5	橙黄、红
PbO	黄	SnO_2	白	ZnO	白
PbO_2	棕	$Sn(OH)_2$	白	$Zn(OH)_2$	白
Pb_3O_4	红	$Sn(OH)_4$	白		

3. 离子(水溶液中)

离子	颜色	离子	颜色	离子	颜色
Ag^+	无	AlO_2^-	无	Au^{3+}	黄
$[Ag(CN)_2]^-$	无	AsO_3^{3-}	无	$B_4O_7^{2-}$	无
$[Ag(NH_3)_2]^+$	无	AsO_4^{3-}	无	Ba^{2+}	无
$[Ag(S_2O_3)_2]^{3-}$	无	AsS_3^{3-}	无	Be^{2+}	无
Al^{3+}	无	AsS_4^{3-}	无	Bi^{3+}	无

续表

离子	颜色	离子	颜色	离子	颜色
Br^-	无	$[Cu(NH_3)_2]^+$	无	NO_2^-	无
BrO^-	无	$[Cu(NH_3)_4]^{2+}$	深蓝	NO_3^-	无
BrO_3^-	无	F^-	无	Na^+	无
CH_3COO^-	无	Fe^{2+}	浅绿	Ni^{2+}	绿
$C_4H_4O_6^{2-}$	无	Fe^{3+}	淡紫色	$[Ni(CN)_4]^{2-}$	黄
CN^-	无	$[Fe(CN)_6]^{3-}$	浅黄	$[Ni(NH_3)_6]^{2+}$	蓝紫
CO_3^{2-}	无	$[Fe(CN)_6]^{4-}$	黄绿	OH^-	无
$C_2O_4^{2-}$	无	$[FeCl_6]^{3-}$	黄	PO_3^-	无
Ca^{2+}	无	$[FeF_6]^{3-}$	无	PO_4^{3-}	无
$[Cd(CN)_4]^{2-}$	无	$[Fe(SCN)]^{2+}$	血红	$P_2O_7^{4-}$	无
$[Cd(NH_3)_4]^{2+}$	无	H^+	无	Pb^{2+}	无
Cl^-	无	HCO_3^-	无	$[PbCl_4]^{2-}$	无
ClO^-	无	$HC_2O_4^-$	无	PbO_2^{2-}	无
ClO_3^-	无	HPO_3^{2-}	无	S^{2-}	无
ClO_4^-	无	HPO_4^{2-}	无	SCN^-	无
Co^{2+}	粉红	HSO_3^-	无	SO_3^{2-}	无
$[Co(CN)_6]^{3-}$	紫	HSO_4^-	无	SO_4^{2-}	无
$[Co(NH_3)_6]^{2+}$	黄	Hg^{2+}	无	$S_2O_3^{2-}$	无
$[Co(NH_3)_6]^{3+}$	橙黄	Hg_2^{2+}	无	$S_2O_4^{2-}$	无
$[Co(SCN)_4]^{2-}$	蓝	$[HgCl_4]^{2-}$	无	$S_4O_6^{2-}$	无
Cr^{2+}	蓝	I^-	无	Sb^{3+}	无
Cr^{3+}	紫	I_3^-	浅棕黄	SbO_3^{3-}	无
$[Cr(NH_3)_6]^{3+}$	黄	IO_3^-	无	SbO_4^{3-}	无
CrO_2^-	绿	K^+	无	SbS_3^{3-}	无
CrO_4^{2-}	黄	Li^+	无	SbS_4^{3-}	无
$Cr_2O_7^{2-}$	橙	Mg^{2+}	无	SiO_3^{2-}	无
Cu^{2+}	淡蓝	Mn^{2+}	肉红	SnO_2^{3-}	无
Cu^+	无	MnO_4^-	紫	SnO^{2-}	无
$[CuBr_4]^{2-}$	黄	MnO_4^{2-}	绿	SnO_2^{2-}	无
$[CuCl_4]^{2-}$	绿	NH_4^+	无	SnS_2^{3-}	无

续表

离子	颜色	离子	颜色	离子	颜色
Sr^{2+}	无	V^{3+}	绿	$[Zn(NH_3)_4]^{2+}$	无
Ti^{3+}	紫	WO_4^{2-}	无	ZnO_2^{2-}	无
V^{2+}	紫	Zn^{2+}	无		

(整理：兰子平；审定：覃松)

附录 6　常用酸、碱的浓度及配制

1. 常用酸、碱的浓度

试剂名称	密度 /(g/mL)	质量分数 /%	物质的量浓度 / (mol/L)	试剂名称	密度 /(g/mL)	质量分数 /%	物质的量浓度 / (mol/L)
浓硫酸	1.84	98	18	氢溴酸	1.38	40	7
稀硫酸	1.10	9	2	氢碘酸	1.70	57	7.5
浓盐酸	1.19	38	12	冰醋酸	1.05	99	17.5
稀盐酸	1.0	7	2	稀乙酸	1.04	30	5
浓硝酸	1.4	68	16	稀乙酸	1.0	12	2
稀硝酸	1.2	32	6	浓氢氧化钠	1.44	41	14.4
稀硝酸	1.1	12	2	稀氢氧化钠	1.1	8	2.2
浓磷酸	1.7	85	14.7	浓氨水	0.91	28	14.8
稀磷酸	1.05	9	1	稀氨水		3.5	2
浓高氯酸	1.67	70	11.6	氢氧化钙		0.15	
稀高氯酸	1.12	19	2	氢氧化钡		2	0.1
浓氢氟酸	1.13	40	23				

2. 常用酸、碱的一般配制

溶液	物质的量浓度(近似值)/(mol/L)	配制
稀盐酸	6	浓盐酸：水=1：1(体积)
稀盐酸	2	6 mol/L 盐酸：水=1：2(体积比)
稀硫酸	3	浓硫酸：水=1：5(体积比)
稀硫酸	1	6 mol/L 硫酸：水=1：5(体积比)

续表

溶液	物质的量浓度(近似值)/(mol/L)	配制
浓硝酸	14.5	ρ=1.40 g/mL，65%(质量分数)
稀硝酸	6	浓硝酸：水=10：14(体积比)
稀硝酸	2	6 mol/L 硝酸：水=1：2(体积比)
稀乙酸	6	冰醋酸 350 mL+水 650 mL
稀乙酸	2	6 mol/L 乙酸：水=1：2(体积比)
稀氨水	6	浓氨水：水=2：3(体积比)
稀氨水	2	6 mol/L 氨水：水=1：2(体积比)
氢氧化钠	6	240 g NaOH 溶解于水，稀释至 1 L
氢氧化钾	3	168 g KOH 溶解于水，稀释至 1 L
氢氧化钡	0.2	60 g $Ba(OH)_2\cdot 8H_2O$ 溶解于水，稀释至 1 L
石灰水	0.02	向水中加入足量熟石灰，静置，取上层清液即为饱和石灰水澄清液

资料来源：(1) 北京师范大学，东北师范大学，华中师范大学，等. 2014. 无机化学实验. 4 版. 北京：高等教育出版社.

(2) 夏玉宇. 2004. 化学实验室手册. 北京：化学工业出版社.

附录 7　弱酸、弱碱的解离常数(25℃)

名称	化学式	pK_a	名称	化学式	pK_a
偏铝酸	$HAlO_2$	11.2	亚砷酸	H_3AsO_3	9.22
砷酸	H_3AsO_4	2.2 6.98 11.5	硼酸	H_3BO_3	9.24 12.74 13.8
次溴酸	HBrO	8.62	氢氰酸	HCN	9.21
碳酸	H_2CO_3	6.38 10.25	次氯酸	HClO	7.5
氢氟酸	HF	3.18	亚硝酸	HNO_2	3.29
高碘酸	HIO_4 (H_5IO_6)	1.55 8.27 14.98	次磷酸 亚磷酸	H_3PO_2 H_3PO_3	1.23 1.3 6.6
磷酸	H_3PO_4	2.12 7.20 12.36	焦磷酸	$H_4P_2O_7$	1.52 2.36 6.60 9.25

续表

名称	化学式	pK_a	名称	化学式	pK_a
氢硫酸	H_2S	6.88 14.15	锗酸	H_2GeO_3	8.78 12.72
亚硫酸	H_2SO_3	1.90 7.20	硫酸	H_2SO_4	–3 1.92
硫代硫酸	$H_2S_2O_3$	0.60 1.72	氢硒酸	H_2Se	3.89 11.00
亚硒酸	H_2SeO_3	2.57 6.60	硒酸	H_2SeO_4	1.7
硅酸	H_2SiO_3	9.60 11.80	亚碲酸	H_2TeO_3	2.57 7.7
甲酸	$HCOOH$	3.75	乙酸	CH_3COOH	4.76
乙醇酸	$CH_2(OH)COOH$	3.82	草酸	$(COOH)_2$	1.27 4.27
一氯乙酸	$CH_2ClCOOH$	2.86			
二氯乙酸	$CHCl_2COOH$	1.30	三氯乙酸	CCl_3COOH	0.64
丙酸	CH_3CH_2COOH	4.87	丙烯酸	$CH_2{=}CHCOOH$	4.26
乳酸(丙醇酸)	$CH_3CHOHCOOH$	3.86	丙二酸	$HOOCCH_2COOH$	2.86 5.70
正丁酸	$CH_3(CH_2)_2COOH$	4.85			
异丁酸	$(CH_3)_2CHCOOH$	4.83	酒石酸	OH　OH │　│ $HOOCCH—CHCOOH$	3.04 4.37
正戊酸	$CH_3(CH_2)_3COOH$	4.84			
异戊酸	$(CH_3)_2CHCH_2COOH$	4.78	谷氨酸	NH_2 │ $HOOC(CH_2)_2CHCOOH$	2.30 4.28 9.67
正己酸	$CH_3(CH_2)_4COOH$	4.88			
异己酸	$(CH_3)_2CH(CH_2)_2COOH$	4.88			
己二酸	$HOCO(CH_2)_4COOH$	4.43 5.41	乙二胺四乙酸(EDTA)	$CH_2N(CH_2COOH)_2$ │ $CH_2N(CH_2COOH)_2$	1.99 2.67 6.16 10.26
柠檬酸	OH │ $HOOCCH_2C—CH_2COOH$ │ COOH	3.13 4.76 6.40			

资料来源：(1) 张向宇. 2011. 实用化学手册. 北京：国防工业出版社.

(2) 夏玉宇. 2004. 化学实验室手册. 北京：化学工业出版社.

附录 8　标准电极电势(298.15 K)

1. 在酸性溶液中

氧化还原电对	电极电势/V	氧化还原电对	电极电势/V	氧化还原电对	电极电势/V
Ag^+ / Ag	0.7996	Au^{3+} / Au	1.42	HClO / Cl^-	1.49
Ag^{2+} / Ag^+ (4 mol/L $HClO_4$)	1.987	$AuCl_4^-$ / Au	0.994	ClO_2 / $HClO_2$	1.27
AgAc / Ag	0.0713	Au^{3+} / Au^+	1.29	$HClO_2$ / HClO	1.64
AgBr / Ag	0.64	H_3BO_3 / B	−0.73	$HClO_2$ / Cl_2	1.63
Ag_2BrO_3 / Ag	0.680	Ba^{2+} / Ba	−2.9	$HClO_2$ / Cl^-	1.56
$Ag_2C_2O_4$ / Ag	0.4776	Ba^{2+} / Ba(Hg)	−1.570	ClO_3^- / ClO_2	1.15
AgCl / Ag	0.2223	Be^{2+} / Be	−1.70	ClO_3^- / $HClO_2$	1.21
AgCN / Ag	−0.02	$BiCl_4^-$ / Bi	0.168	ClO_3^- / Cl_2	1.47
Ag_2CO_3 / Ag	0.4769	Bi_2O_4 / BiO^+	1.59	ClO_3^- / Cl^-	1.45
Ag_2CrO_4 / Ag	0.4463	BiO^+ / Bi	0.32	ClO_4^- / ClO_3^-	1.19
$Ag_4[Fe(CN)_6]$ / Ag	0.1943	BiOCl / Bi	0.1583	ClO_4^- / Cl_2	1.34
AgI / Ag	−0.1519	$Br_2(aq)$ / Br^-	1.087	ClO_4^- / Cl^-	1.37
$AgIO_3$ / Ag	0.3551	$Br_2(l)$ / Br^-	1.066	Co^{2+} / Co	−0.28
Ag_2MoO_4 / Ag	0.49	HBrO / Br^-	1.33	Co^{3+} / Co^{2+} (3 mol/L HNO_3)	1.842
$AgNO_2$ / Ag	0.59	HBrO / $Br_2(aq)$	1.59	CO_2 / HCOOH	−0.2
Ag_2S / Ag	−0.0366	HBrO / $Br_2(l)$	1.6	Cr^{2+} / Cr	−0.557
AgSCN / Ag	0.0895	BrO_3^- / Br_2	1.52	Cr^{3+} / Cr^{2+}	−0.41
Ag_2SO_4 / Ag	0.653	BrO_3^- / Br^-	1.44	Cr^{3+} / Cr	−0.74
Al^{3+} / Al	−1.706	Ca^{2+} / Ca	−2.76	$Cr_2O_7^{2-}$ / Cr^{3+}	1.33
AlF_6^{3-} / Al	−2.069	Cd^{2+} / Cd	−0.4026	Cu^+ / Cu	0.522
As_2O_3 / As	0.234	$CdSO_4$ / Cd(Hg)	−0.435	Cu^{2+} / Cu^+	0.158
$HAsO_2$ / As	0.2475	Ce^{3+} / Ce	−2.335	Cu^{2+} / Cu	0.3402
H_3AsO_4 / $HAsO_2$	0.58	Cl_2 / Cl^-	1.3583	CuCl / Cu	0.137
Au^+ / Au	1.68	HClO / Cl_2	1.63	CuBr / Cu	0.033

续表

氧化还原电对	电极电势/V	氧化还原电对	电极电势/V	氧化还原电对	电极电势/V
CuI / Cu	−0.185	Mn^{2+} / Mn	−1.029	$PbCl_2 / Pb$	−0.262
F_2 / HF	3.03	Mn^{3+} / Mn^{2+}	1.51	PbF_2 / Pb	−0.3444
F_2 / F^-	2.87	MnO_2 / Mn^{2+}	1.208	PbI_2 / Pb	−0.368
Fe^{2+} / Fe	−0.409	MnO_4^- / MnO_4^{2-}	0.564	PbO_2 / Pb^{2+}	1.46
Fe^{3+} / Fe	−0.036	MnO_4^- / MnO_2	1.679	$PbO_2, SO_4^{2-} / PbSO_4$	1.685
Fe^{3+} / Fe^{2+}	0.770	MnO_4^- / Mn^{2+}	1.491	$PbSO_4 / Pb$	−0.356
$[Fe(CN)_6]^{3-} / [Fe(CN)_6]^{4-}$ (1 mol/L H_2SO_4)	0.358	$N_2 / NH_3(aq)$	−3.1	Pd^{2+} / Pd	0.83
FeO_4^{2-} / Fe^{3+}	1.9	N_2O / N_2	1.77	$PdCl_4^{2-} / Pd$	0.623
Ga^{3+} / Ga	−0.560	N_2O_4 / NO_2	0.88	Pt^{2+} / Pt	1.2
H_2 / H^-	−2.23	N_2O_4 / HNO_2	1.07	Rb^+ / Rb	−2.925
H_2O_2 / H_2O	1.776	N_2O_4 / NO	1.03	Re^{3+} / Re	0.3
Hg^{2+} / Hg	0.851	NO / N_2O	1.59	S / H_2S	0.141
Hg^{2+} / Hg_2^{2+}	0.905	HNO_2 / NO	0.99	$S_2O_6^{2-} / H_2SO_3$	0.6
Hg_2^{2+} / Hg	0.7986	HNO_2 / N_2O	1.27	$S_2O_8^{2-} / SO_4^{2-}$	2.0
Hg_2Br_2 / Hg	0.1396	NO_3^- / HNO_2	0.94	$S_2O_8^{2-} / HSO_4^-$	2.123
Hg_2Cl_2 / Hg	0.2682	NO_3^- / NO	0.96	H_2SO_4 / H_2SO_3	−0.08
Hg_2I_2 / Hg	−0.0405	NO_3^- / N_2O_4	0.81	H_2SO_3 / S	0.45
Hg_2SO_4 / Hg	0.6158	Na^+ / Na	−2.7	SO_4^{2-} / H_2SO_3	0.172
I_2 / I^-	0.535	Ni^{2+} / Ni	−0.23	$SO_4^{2-} / S_2O_6^{2-}$	−0.2
I_3^- / I^-	0.5338	NiO_2 / Ni^{2+}	1.93	Sb / SbH_3	−0.51
H_5IO_6 / IO_3^-	1.7	O_2 / H_2O_2	0.682	Sb_2O_3 / Sb	0.1445
HIO / I_2	1.45	O_2 / H_2O	1.229	Sb_2O_5 / SbO^+	0.64
HIO / I^-	0.99	$O_2(g) / H_2O$	2.42	SbO^+ / Sb	0.212
IO_3^- / I_2	1.195	O_3 / O_2	2.07	Se / H_2Se	−0.36
IO_3^- / I^-	1.085	P(白) / $PH_3(g)$	−0.063	H_2SeO_3 / Se	0.74
In^{3+} / In^+	−0.40	H_3PO_2 / P	−0.51	SeO_4^{2-} / H_2SeO_3	1.15
In^{3+} / In	−0.338	H_3PO_3 / H_3PO_2	−0.50	SiF_6^{2-} / Si	−1.2
K^+ / K	−2.921	H_3PO_3 / P	−0.49	SiO_2(石英) / Si	−0.857
La^{3+} / La	−2.37	H_3PO_4 / H_3PO_3	−0.276	Sn^{2+} / Sn	−0.1364
Li^+ / Li	−3.045	Pb^{2+} / Pb	−0.1262	Sn^{4+} / Sn^{2+}	0.15
Mg^{2+} / Mg	−2.375	$PbBr_2 / Pb$	−0.275	Sr^+ / Sr	−4.10

续表

氧化还原电对	电极电势/V	氧化还原电对	电极电势/V	氧化还原电对	电极电势/V
Sr^{2+} / Sr	−2.89	TiO^{2+} / Ti	−0.89	$V(OH)_4^+$ / VO^{2+}	1.00
Sr^{2+} / Sr(Hg)	−1.793	Ti^{3+} / Ti^{2+}	−0.2	$V(OH)_4^+$ / V	−0.25
Te / H_2Te	−0.69	TiO^{2+} / Ti^{3+}	0.1	W_2O_5 / WO_2	−0.04
Te^{4+} / Te	0.63	TiO_2 / Ti^{2+}	−0.86	WO_2 / W	−0.12
TeO_2 / Te	0.593	Tl^+ / Tl	−0.3363	WO_3 / W	−0.09
TeO_4^- / Te	0.472	V^{2+} / V	−1.2	WO_3 / W_2O_5	−0.03
H_6TeO_6 / TeO_2	1.02	V^{3+} / V^{2+}	−0.255	Y^{3+} / Y	−2.37
Th^{4+} / Th	−1.90	VO^{2+} / V^{3+}	0.337	Zn^{2+} / Zn	−0.7628
Ti^{2+} / Ti	−1.63	VO_2^+ / VO^{2+}	1.00		

2. 在碱性溶液中

氧化还原电对	电极电势/V	氧化还原电对	电极电势/V	氧化还原电对	电极电势/V
AgCN / Ag	−0.02	ClO^- / Cl^-	0.90	$[Fe(CN)_6]^{3-}$ / $[Fe(CN)_6]^{4-}$ (1 mol/L H_2SO_4)	0.69
$[Ag(CN)_2]^-$ / Ag	−0.31	ClO_2^- / ClO^-	0.59	$Fe(OH)_3$ / $Fe(OH)_2$	−0.56
Ag_2O / Ag	0.342	ClO_2^- / Cl^-	0.76	H_2GaO_3 / Ga	−1.22
AgO / Ag_2O	0.599	ClO_3^- / ClO_2^-	0.35	H_2O / H_2	−0.8277
Ag_2S / Ag	−0.7051	ClO_3^- / Cl^-	0.62	Hg_2O / Hg	0.123
H_2AlO_3 / Al	−2.35	ClO_4^- / ClO_3^-	0.17	HgO / Hg	0.0984
AsO_2^- / As	−0.68	$[Co(NH_3)_6]^{3+}$ / $[Co(NH_3)_6]^{2+}$	0.1	$H_3IO_3^{2-}$ / IO_3^-	0.70
AsO_4^{3-} / AsO_2^- (1 mol/L NaOH)	−0.08	$Co(OH)_2$ / Co	−0.73	IO^- / I^-	0.485
$H_2BO_3^-$ / BH_4^-	−1.24	$Co(OH)_3$ / $Co(OH)_2$	0.2	IO_3^- / I^-	0.26
$H_2BO_3^-$ / B	−2.5	CrO_2^- / Cr	−1.2	Ir_2O_3 / Ir	0.1
$Ba(OH)_2$ / Ba	−2.97	CrO_4^{2-} / $Cr(OH)_3$	−0.12	$La(OH)_3$ / La	−2.76
$Be_2O_3^{2-}$ / Be	−2.28	$Cr(OH)_3$ / Cr	−1.3	$Mg(OH)_2$ / Mg	−2.67
Bi_2O_3 / Bi	−0.46	Cu^{2+} / $[Cu(CN)_2]^-$	1.12	MnO_4^- / MnO_2	0.580
BrO^- / Br^- (1 mol/L NaOH)	0.70	$[Cu(CN)_2]^-$ / Cu	−0.429	MnO_4^{2-} / MnO_2	0.60
BrO_3^- / Br^-	0.61	Cu_2O / Cu	−0.361	$Mn(OH)_2$ / Mn	−1.47
$Ca(OH)_2$ / Ca	−3.02	$Cu(OH)_2$ / Cu	−0.224	NO / N_2O	0.76
$Ca(OH)_2$ / Ca(Hg)	−0.761	$Cu(OH)_2$ / Cu_2O	−0.09	NO_2^- / N_2O	0.15

续表

氧化还原电对	电极电势/V	氧化还原电对	电极电势/V	氧化还原电对	电极电势/V
NO_3^-/NO_2^-	0.01	PO_4^{3-}/HPO_3^{2-}	−1.05	SbO_2^-/Sb	−0.66
NO_3^-/N_2O_4	−0.85	PbO/Pb	−0.576	SbO_3^-/SbO_2^-	−0.59
$Ni(OH)_2/Ni$	−0.66	$HPbO_2/Pb$	−0.54	SeO_3^{2-}/Se	−0.35
$Ni(OH)_3/Ni(OH)_2$	0.48	PbO_2/PbO	0.28	SeO_4^{2-}/SeO_3^{2-}	0.03
O_2/HO_2^-	−0.076	$Pd(OH)_2/Pd$	0.1	SiO_3^{2-}/Si	−1.73
O_2/H_2O_2	−0.146	$Pt(OH)_2/Pt$	0.16	$HSnO_2^-/Sn$	−0.79
O_2/OH^-	0.401	ReO_4^-/Re	−0.81	$Sn(OH)_3^{2-}/HSnO_2^-$	−2.88
O_3/O_2	1.24	S/S^{2-}	−0.508	$Sr(OH)_2/Sr$	−2.99
HO_2^-/OH^-	0.87	S/HS^-	−0.478	Te/Te^{2-}	−1.143 / −0.92
$P/PH_3(g)$	−0.87	$S_4O_6^{2-}/S_2O_3^{2-}$	0.09	Tl_2O_3/Tl^+	0.02
$H_2PO_2^-/P$	−1.82	$SO_3^{2-}/S_2O_4^{2-}$	−1.12	ZnO_2^-/Zn	−1.216
$HPO_3^{2-}/H_2PO_2^-$	−1.65	$SO_3^{2-}/S_2O_3^{2-}$	−0.58		
HPO_3^{2-}/P	−1.71	SO_4^{2-}/SO_3^{2-}	−0.92		

资料来源：(1) 夏玉宇. 2004. 化学实验室手册. 北京：化学化工出版社.

(2) 北京师范大学，东北师范大学，华中师范大学，等. 2014. 无机化学实验. 4版. 北京：高等教育出版社.

附录9　危险药品的分类、性质和管理

危险药品是指受光、热、空气、水或撞击等外界因素的影响，可能引起燃烧、爆炸的药品，或具有强腐蚀性、剧毒性的药品。常用危险品按危险性可分为以下几类来管理。

类别		举例	性质	管理或使用注意事项
爆炸品		硝酸铵、苦味酸、三硝基苯，2,4,6-三硝基甲苯(TNT)	遇高热、摩擦、撞击等引起剧烈反应，放出大量气体和热量，产生猛烈爆炸	存放于阴凉、干燥、通风、低温处，轻拿、轻放
易燃品	易燃液体	丙酮、乙醚、甲醇、乙醇、苯等有机溶剂	沸点低、易挥发，遇火则燃烧，甚至引起爆炸	存放于阴凉通风处，远离热源、火种、氧化剂及氧化性酸
	易燃固体	赤磷、硫、萘、硝化纤维	燃点低，受热、摩擦、撞击或遇氧化剂可引起剧烈连续燃烧、爆炸	存放于阴凉通风处，远离热源、火种、氧化剂及氧化性酸，不可与其他危险化学品混合放置

续表

类别		举例	性质	管理或使用注意事项
易燃品	易燃气体	氢气、乙炔、甲烷	因撞击、受热引起燃烧，与空气按一定比例混合，则会爆炸	使用时注意通风，如为钢瓶气，不得在实验室保存
	遇水易燃品	钠、钾	遇水剧烈反应，产生可燃气体并放出热量，此反应热会引起燃烧	保存于煤油中，切勿与水接触
	自燃物品	黄磷	在适当温度下被空气氧化、放热，达到燃点而引起自燃	保存于水中
氧化剂		硝酸钾、氯酸钾、过氧化氢、过氧化钠、高锰酸钾	具有强氧化性，遇酸、受热，与有机物、易燃品、还原剂等混合时，因反应引起燃烧或爆炸	不得与易燃品、爆炸品、还原剂等一起存放
剧毒品		氰化钾、三氧化二砷、升汞、氯化钡、六六六	剧毒，少量侵入人体(误食或接触伤口)可引起中毒，甚至死亡	专人、专柜保管，现用现领，用后的剩余物无论是固体或液体都应交回保管人，并应设有使用登记制度
腐蚀性药品		强酸、氟化氢、强碱、溴、酚	具有强腐蚀性，触及物品造成腐蚀、破坏，触及人体皮肤引起化学烧伤	不要与氧化剂、易燃品、爆炸品放在一起

资料来源：王晶禹，张树海. 2005. 危险化学品储存. 北京：化学工业出版社.

附录 10　某些配离子的稳定常数(298.15 K)

配离子	$K_{稳}$	配离子	$K_{稳}$	配离子	$K_{稳}$
$[AgCl_2]^-$	1.84×10^5	$[Ag(S_2O_3)_2]^{3-}$	1.6×10^{13}	$[Cd(NH_3)_4]^{2+}$	3.6×10^6
$[AgBr_2]^-$	1.93×10^7	$[AlF_6]^{3-}$	6.9×10^{19}	$[CoY]^-$	1.6×10^{16}
$[AgI_2]^-$	4.80×10^{10}	$[Al(OH)_4]^-$	3.31×10^{33}	$[CoY_2]^{2-}$	2.0×10^{16}
$[Ag(NH_3)]^+$	20×10^3	$[Al(ox)_3]^{3-}$	2.0×10^{16}	$[Co(en)_3]^{2+}$	8.7×10^{13}
$[Ag(NH_3)_2]^+$	1.7×10^7	$[BiCl_4]^-$	7.96×10^6	$[Co(en)_3]^{3+}$	4.8×10^{48}
$[Ag(CN)_2]^-$	1.0×10^{21}	$[CaY]^{2-}$	(3.7×10^{10})	$[Co(NH_3)_6]^{3+}$	1.4×10^{35}
$[Ag(SCN)_2]^-$	4.0×10^8	$[CdCl_4]^{2-}$	6.3×10^2	$[Co(NH_3)_6]^{2+}$	2.4×10^4
$[AgY]^{3-}$	2.0×10^7	$[Cd(CN)_4]^{2-}$	1.3×10^{18}	$[Co(ox)_3]^{2-}$	1.0×10^{20}
$[Ag(en)_2]^+$	7.0×10^7	$[Cd(en)_3]^{2+}$	1.2×10^{12}	$[Co(ox)_3]^{4-}$	5.0×10^9

续表

配离子	$K_{稳}$	配离子	$K_{稳}$	配离子	$K_{稳}$
$[Co(SCN)_4]^{2-}$	3.8×10^{2}	$[Fe(SCN)]^{2+}$	8.9×10^{2}	$[Ni(ox)_3]^{4-}$	3.0×10^{8}
$[CrY]^{-}$	1.0×10^{23}	$[Fe(NCS)]^{2+}$	9.1×10^{2}	$[PbCl_3]^{-}$	27.2
$[Cr(OH)_4]^{-}$	8.0×10^{29}	$[HgBr_4]^{2-}$	9.22×10^{20}	$[PbCl_4]^{2-}$	1.0×10^{16}
$[CuCl_2]^{-}$	6.91×10^{4}	$[HgCl]^{+}$	5.73×10^{6}	$[Pb(NH_3)_4]^{2+}$	2.0×10^{35}
$[Cu(CN)_2]^{-}$	9.98×10^{23}	$HgCl_2$	1.46×10^{13}	$[PbY]^{2-}$	(2×10^{18})
$[CuY]^{2-}$	5.0×10^{18}	$[HgCl_4]^{2-}$	1.31×10^{15}	$[PbI_4]^{2-}$	1.66×10^{4}
$[Cu(NH_3)_4]^{2+}$	2.30×10^{12}	$[Hg(CN)_4]^{2-}$	3.0×10^{41}	$[Pb(OH)_3]^{-}$	8.27×10^{13}
$[Cu(ox)_2]^{2-}$	3.0×10^{8}	$[HgY]^{2-}$	6.3×10^{21}	$[Pb(ox)_2]^{2-}$	3.5×10^{6}
$[Cu(P_2O_7)_2]^{6-}$	8.24×10^{8}	$[Hg(en)_2]^{2+}$	2.0×10^{23}	$[Pb(S_2O_3)_3]^{4-}$	2.2×10^{6}
$[FeF]^{2+}$	7.1×10^{6}	$[HgI_4]^{2-}$	5.66×10^{29}	$[Pb(CH_3COO)]^{+}$	152
$[FeF_2]^{+}$	3.8×10^{11}	$[Hg(NH_3)_4]^{2+}$	1.95×10^{19}	$Pb(CH_3COO)_2$	826
$[Fe(CN)_6]^{3-}$	4.1×10^{52}	$[Hg(NCS)_4]^{2-}$	4.98×10^{21}	$[Zn(CN)_4]^{2-}$	1.0×10^{18}
$[Fe(CN)_6]^{4-}$	4.2×10^{45}	$[HgS_2]^{2-}$	3.36×10^{51}	$[ZnY]^{2-}$	3.0×10^{16}
$[FeY]^{-}$	1.7×10^{24}	$[Hg(ox)_2]^{2-}$	9.5×10^{6}	$[Zn(OH)_4]^{2-}$	2.83×10^{14}
$[FeY]^{2-}$	2.1×10^{14}	$[Ni(CN)_4]^{2-}$	1.31×10^{30}	$[Zn(NH_3)_4]^{2+}$	3.6×10^{8}
$[Fe(en)_3]^{2+}$	5.0×10^{9}	$[NiY]^{2-}$	3.6×10^{18}	$[Zn(en)_3]^{2+}$	1.3×10^{14}
$[Fe(ox)_3]^{3-}$	2.0×10^{20}	$[Ni(en)_3]^{2+}$	2.1×10^{18}	$[Zn(ox)_3]^{4-}$	1.4×10^{8}
$[Fe(ox)_3]^{4-}$	1.7×10^{5}	$[Ni(NH_3)_6]^{2+}$	8.97×10^{8}		

资料来源：(1) 张向宇. 2011. 实用化学手册. 北京：国防工业出版社.

(2) 夏玉宇. 2004. 化学实验室手册. 北京：化学工业出版社.

附录 11　难溶化合物的溶度积常数

分子式	K_{sp}	分子式	K_{sp}	分子式	K_{sp}
Ag_3AsO_4	1.0×10^{-22}	$AgCN$	1.4×10^{-16}	$Ag_2Cr_2O_7$	2.0×10^{-7}
$AgBr$	5.0×10^{-13}	Ag_2CO_3	8.1×10^{-12}	AgI	8.3×10^{-17}
$AgBrO_3$	5.30×10^{-5}	$Ag_2C_2O_4$	3.5×10^{-11}	$AgIO_3$	3.0×10^{-8}
$AgCl$	1.8×10^{-10}	Ag_2CrO_4	1.1×10^{-12}	$Ag_2O(Ag^+, OH^-)$	2.0×10^{-8}

续表

分子式	K_{sp}	分子式	K_{sp}	分子式	K_{sp}
Ag_2MoO_4	2.8×10^{-12}	$Ca_3(PO_4)_2$	2.0×10^{-29}	$Er(OH)_3$(陈)	2.7×10^{-27}
Ag_3PO_4	1.4×10^{-16}	$CaSO_4$	2.5×10^{-7}	$Eu(OH)_3$(新)	8.9×10^{-24}
Ag_2S	6×10^{-50}	$CaSiO_3$	2.5×10^{-8}	$Eu(OH)_3$(陈)	2.9×10^{-27}
$AgSCN$	1.0×10^{-12}	$CaWO_4$	8.7×10^{-9}	$FeAsO_4$	5.7×10^{-21}
Ag_2SO_3	1.5×10^{-14}	$CdCO_3$	5.2×10^{-12}	$FeCO_3$	2.1×10^{-11}
Ag_2SO_4	1.4×10^{-5}	$CdC_2O_4\cdot3H_2O$	9.1×10^{-8}	$Fe(OH)_2$	8.0×10^{-16}
Ag_2SeO_3	1.0×10^{-15}	$Cd_3(PO_4)_2$	3×10^{-33}	$Fe(OH)_3$(新)	3×10^{-39}
Ag_2SeO_4	5.6×10^{-8}	CdS	8.0×10^{-27}	$Fe(OH)_3$(陈)	4×10^{-40}
$AgVO_3$	5.0×10^{-7}	$CdSeO_3$	1.3×10^{-9}	$FePO_4$	1.3×10^{-22}
Ag_2WO_4	5.5×10^{-12}	$CePO_4$	1.0×10^{-23}	FeS	6.3×10^{-18}
$Al(OH)_3$①	1.3×10^{-33}	$Co_3(AsO_4)_2$	7.6×10^{-29}	$Ga(OH)_3$	7.0×10^{-36}
$AlPO_4$	5.8×10^{-19}	$CoCO_3$	1.1×10^{-10}	$Gd(OH)_3$	1.3×10^{-27}
Al_2S_3	2.0×10^{-7}	$CoC_2O_4\cdot2H_2O$	6×10^{-8}	Hg_2Br_2	5.6×10^{-23}
$Au(OH)_3$	5.5×10^{-46}	$Co(OH)_2$(蓝)	6.3×10^{-15}	Hg_2Cl_2	1.3×10^{-18}
$AuCl_3$	3×10^{-25}	$Co(OH)_2$(粉红，新沉淀)	1.6×10^{-15}	HgC_2O_4	1.0×10^{-7}
AuI_3	1×10^{-46}	$Co(OH)_2$(粉红，陈化)	2×10^{-16}	Hg_2CO_3	8.9×10^{-17}
$Ba_3(AsO_4)_2$	8.0×10^{-51}	$CoHPO_4$	2.0×10^{-7}	$Hg_2(CN)_2$	5.0×10^{-40}
$BaCO_3$	4.0×10^{-10}	$CrAsO_4$	7.7×10^{-21}	Hg_2CrO_4	2.0×10^{-9}
$BaC_2O_4\cdot H_2O$	2.3×10^{-8}	$Cr(OH)_3$	6.3×10^{-31}	HgI_2	2.82×10^{-29}
$BaCrO_4$	1.2×10^{-10}	$CrPO_4$(绿)	2.4×10^{-23}	$Hg_2(IO_3)_2$	2.0×10^{-14}
$BaSO_4$	1.1×10^{-10}	$CrPO_4$(紫)	1.0×10^{-17}	$Hg_2(OH)_2$	2×10^{-24}
BaS_2O_3	1.6×10^{-5}	$CuBr$	5.3×10^{-9}	$HgSe$	1.6×10^{-60}
$BaSeO_3$	2.7×10^{-7}	$CuCl$	1.2×10^{-6}	HgS(红)	4.0×10^{-53}
$BaSeO_4$	3.5×10^{-8}	$CuCN$	3.2×10^{-20}	HgS(黑)	1.6×10^{-52}
$Be(OH)_2$②	6×10^{-22}	$CuCO_3$	2×10^{-10}	Hg_2WO_4	1.1×10^{-17}
$BiAsO_4$	4.4×10^{-10}	CuI	1.1×10^{-12}	$Ho(OH)_3$	5×10^{-23}
$Bi(OH)_3$	3×10^{-32}	$Cu(OH)_2$	1.3×10^{-20}	$In(OH)_3$	1.3×10^{-37}
$BiPO_4$	1.3×10^{-23}	$Cu_3(PO_4)_2$	1.3×10^{-37}	$InPO_4$	2.3×10^{-22}
$CaCO_3$(文石)	6.0×10^{-9}	Cu_2S	3×10^{-48}	In_2S_3	5.7×10^{-74}
$CaCO_3$(方解石)	4.5×10^{-9}	CuS	6×10^{-36}	$LaPO_4$	3.7×10^{-23}
$CaC_2O_4\cdot H_2O$	4.0×10^{-9}	$CuSe$	1×10^{-49}	$Lu(OH)_3$(新)	1.9×10^{-24}
CaF_2	2.7×10^{-11}	$Dy(OH)_3$(新)	8×10^{-24}	$Lu(OH)_3$(陈)	1.0×10^{-27}
$CaMoO_4$	4.2×10^{-8}	$Dy(OH)_3$(陈)	1.3×10^{-26}	$Mg_3(AsO_4)_2$	2.1×10^{-20}
$Ca(OH)_2$	3.7×10^{-8}	$Er(OH)_3$(新)	4.1×10^{-24}	$MgCO_3$	3.5×10^{-8}

续表

分子式	K_{sp}	分子式	K_{sp}	分子式	K_{sp}
$MgCO_3 \cdot 3H_2O$	2.14×10^{-5}	$PbSO_4$	1.7×10^{-8}	$Tb(OH)_3$(陈)	1.6×10^{-26}
$Mg(OH)_2$(新)	6×10^{-10}	PbSe	1×10^{-38}	$Te(OH)_4$	3.0×10^{-54}
$Mg(OH)_2$(陈)	1.3×10^{-11}	$PbSeO_4$	1.4×10^{-7}	$Th(C_2O_4)_2$	1.1×10^{-25}
$Mg_3(PO_4)_2 \cdot 8H_2O$	6.3×10^{-26}	$Pd(OH)_2$	1.0×10^{-31}	$Th(IO_3)_4$	3×10^{-15}
$Mn_3(AsO_4)_2$	1.9×10^{-29}	$Pd(OH)_4$	6.3×10^{-71}	$Th(OH)_4$	2×10^{-45}
$MnCO_3$	5.0×10^{-10}	$Pr(OH)_3$(新)	8.3×10^{-23}	$Ti(OH)_3$	1×10^{-40}
MnS(粉红)	3×10^{-10}	$Pr(OH)_3$(陈)	2.2×10^{-29}	TlBr	3.8×10^{-6}
MnS(绿)	3×10^{-13}	$Pt(OH)_2$	1.0×10^{-35}	TlCl	1.7×10^{-4}
$Ni_3(AsO_4)_2$	3.1×10^{-26}	$Pu(OH)_3$	2.0×10^{-20}	Tl_2CrO_4	9.8×10^{-13}
$NiCO_3$	1.3×10^{-7}	$Pu(OH)_4$	1×10^{-55}	TlI	6.5×10^{-8}
NiC_2O_4	4.0×10^{-10}	$RaSO_4$	4.2×10^{-11}	TlN_3	2.2×10^{-4}
$Ni(OH)_2$(新)	2.0×10^{-15}	$Rh(OH)_3$	1×10^{-23}	Tl_2S	5×10^{-21}
$Ni_3(PO_4)_2$	5.0×10^{-31}	$Ru(OH)_3$	1×10^{-38}	$TlSeO_3$	2.0×10^{-39}
α-NiS	3×10^{-19}	Sb_2S_3	1.6×10^{-93}	$UO_2(OH)_2$(新)	1.4×10^{-21}
β-NiS	1.0×10^{-24}	ScF_3	4.2×10^{-18}	$UO_2(OH)_2$(陈)	1.1×10^{-22}
γ-NiS	2.0×10^{-26}	$Sc(OH)_3$	2.0×10^{-30}	$VO(OH)_2$	7.4×10^{-23}
$Pb_3(AsO_4)_2$	4.1×10^{-36}	$Sm(OH)_3$	1.3×10^{-24}	$Y(OH)_3$(新)	5×10^{-24}
$PbBr_2$	4.0×10^{-5}	$Sn(OH)_2(Sn^{2+}, 2OH^-)$	6.3×10^{-27}	$Y(OH)_3$(陈)	3×10^{-25}
$PbCl_2$	1.6×10^{-5}	$Sn(OH)_4$	1.0×10^{-56}	$Yb(OH)_3$(新)	2.5×10^{-24}
$PbCO_3$	7.4×10^{-14}	SnS	1.0×10^{-25}	$Yb(OH)_3$(陈)	8.7×10^{-26}
$PbCrO_4$	1.8×10^{-14}	$Sr_3(AsO_4)_2$	8.1×10^{-19}	$Zn_3(AsO_4)_2$	1.1×10^{-27}
PbF_2	2.7×10^{-8}	$SrCO_3$	1.1×10^{-10}	$ZnCO_3$	1.4×10^{-11}
$PbMoO_4$	1.0×10^{-13}	$SrC_2O_4 \cdot H_2O$	1.6×10^{-7}	$Zn(OH)_2$③(新)	1.2×10^{-17}
$Pb(OH)_2$	1.2×10^{-15}	SrF_2	2.5×10^{-9}	$Zn(OH)_2$(陈)	3×10^{-17}
$Pb(OH)_4(Pb^{4+}, 4OH^-)$	3×10^{-66}	$Sr_3(PO_4)_2$	4.0×10^{-28}	$Zn_3(PO_4)_2$	9.1×10^{-33}
$Pb_3(PO_4)_2$	8.0×10^{-43}	$SrSO_4$	3.2×10^{-7}	α-ZnS	1.6×10^{-24}
PbS(新)	$2.5.0\times10^{-27}$	$SrWO_4$	1.7×10^{-10}	β-ZnS	2.5×10^{-22}
PbS(陈)	1.3×10^{-28}	$Tb(OH)_3$(新)	1.3×10^{-23}	$ZrO(OH)_2$	6.3×10^{-49}

资料来源：(1) 夏玉宇. 2004. 化学实验室手册. 北京：化学化工出版社.

(2) 张向宇. 2011. 实用化学手册. 北京：国防工业出版社.

注：①～③表示形态均为无定形。

色　之　属

——《说文解字》：凡色之属皆从色。

红

《说文解字》：赤，南方色也。丹，巴越之赤石也。彤，丹饰也。朱，赤心木，松柏属。

鲜红　红　洋红　胭脂红　绛　朱红　品红

山茶红　粉红　浅珍珠红　玫红　桃花　浅粉红　酒红

橙

《说文解字》：橘，果。出江南。

《赠刘景文》：一年好景君须记，最是橙黄橘绿时。——苏轼

橘　柿子橙　橙　阳橙　热带橙　蜜橙　杏黄

沙棕　米　灰土　驼　椰褐　褐　咖啡

黄

《说文解字》：黄，地之色也。

《易·坤》："天玄而地黄，解得黄矢。"

卡其黄　万寿菊黄　铬黄　黄　明黄　韭黄　淡黄　豆黄

绿

《说文解字》：绿，帛青黄色也。

《楚辞·橘颂》：绿叶素荣。

孔雀绿　薄荷绿　绿　碧绿　钴绿　苔藓绿　苹果绿　嫩绿

草绿　黄绿　豆绿

青

《说文解字》：青，东方色也。

《荀子·劝学》：青，取之于蓝，而青于蓝。

雅青　青　薄荷青　苍　淡青

蓝

《说文解字》：蓝，染青艸也。

《冬到金华山观，因得故拾遗陈公学堂遗迹》：上有蔚蓝天。——杜甫

波斯蓝　普鲁士蓝　深蓝　蓝　钴蓝　天空蓝

蔚蓝　湖蓝　春水蓝　淡蓝　粉蓝　水蓝

紫

《说文》：紫，帛青赤色。

《论语・乡党》：红紫不以为亵服。

《古柏行》：霜皮溜雨四十围，黛色参天二千尺。——杜甫

紫黑　缬草紫　紫　明紫　淡紫红　粉紫　浅紫　紫丁香　淡紫丁

白

《说文解字》：白，西方色也。

《史记・封禅书》：太一祝宰则衣紫及绣。五帝各如其色，日赤，月白。

月白　乳白　白

灰

《说文解字》：灰，死火余烬也。

暗灰　昏灰　灰　银灰　亮灰

黑

《说文解字》：黑，火所熏之色也。

《周礼・考工记・钟氏》：五入为緅，七入为缁。

黑

可见光波长

	波长/nm	频率/THz
红 色	625～740	480～405
橙 色	590～625	510～480
黄 色	565～590	530～510
绿 色	500～565	600～530
青 色	485～500	620～600
蓝 色	440～485	680～620
紫 色	380～440	790～680

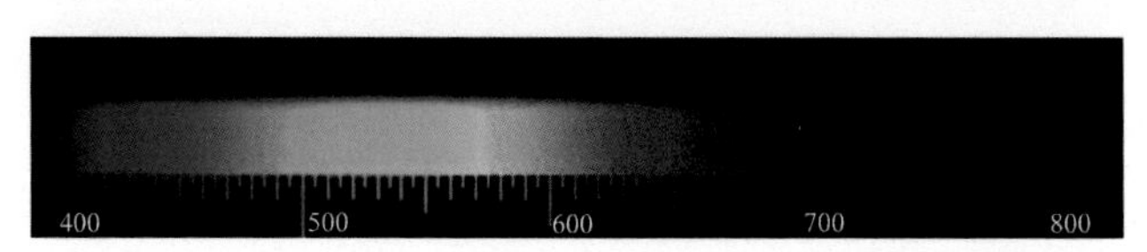

(编辑：覃松、朱宇萍；制作：朱宇萍)